彩绘版 昆虫记 ②

——蝉与蟋蟀

【法】法布尔 著
陈娟 编译

当代世界出版社

图书在版编目（CIP）数据

彩绘版昆虫记.2，蝉与蟋蟀 /（法）法布尔（Fabre，J.H.）著；陈娟编译. -- 北京：当代世界出版社，2013.8

ISBN 978-7-5090-0922-2

Ⅰ. ①彩… Ⅱ. ①法… ②陈… Ⅲ. ①昆虫学 - 青年读物 ②昆虫学 - 少年读物 Ⅳ. ① Q96-49

中国版本图书馆 CIP 数据核字（2013）第 141397 号

书　　名：彩绘版昆虫记 2——蝉与蟋蟀
出版发行：当代世界出版社
地　　址：北京市复兴路 4 号（100860）
网　　址：http://www.worldpress.org.cn
编务电话：（010）83907332
发行电话：（010）83908409
（010）83908455
（010）83908377
（010）83908423（邮购）
（010）83908410（传真）
经　　销：新华书店
印　　刷：三河市汇鑫印务有限公司
开　　本：787mm × 1092mm　1/16
印　　张：8
字　　数：50 千字
版　　次：2013 年 8 月第 1 版
印　　次：2013 年 8 月第 1 次印刷
书　　号：ISBN 978-7-5090-0922-2
定　　价：25.80 元

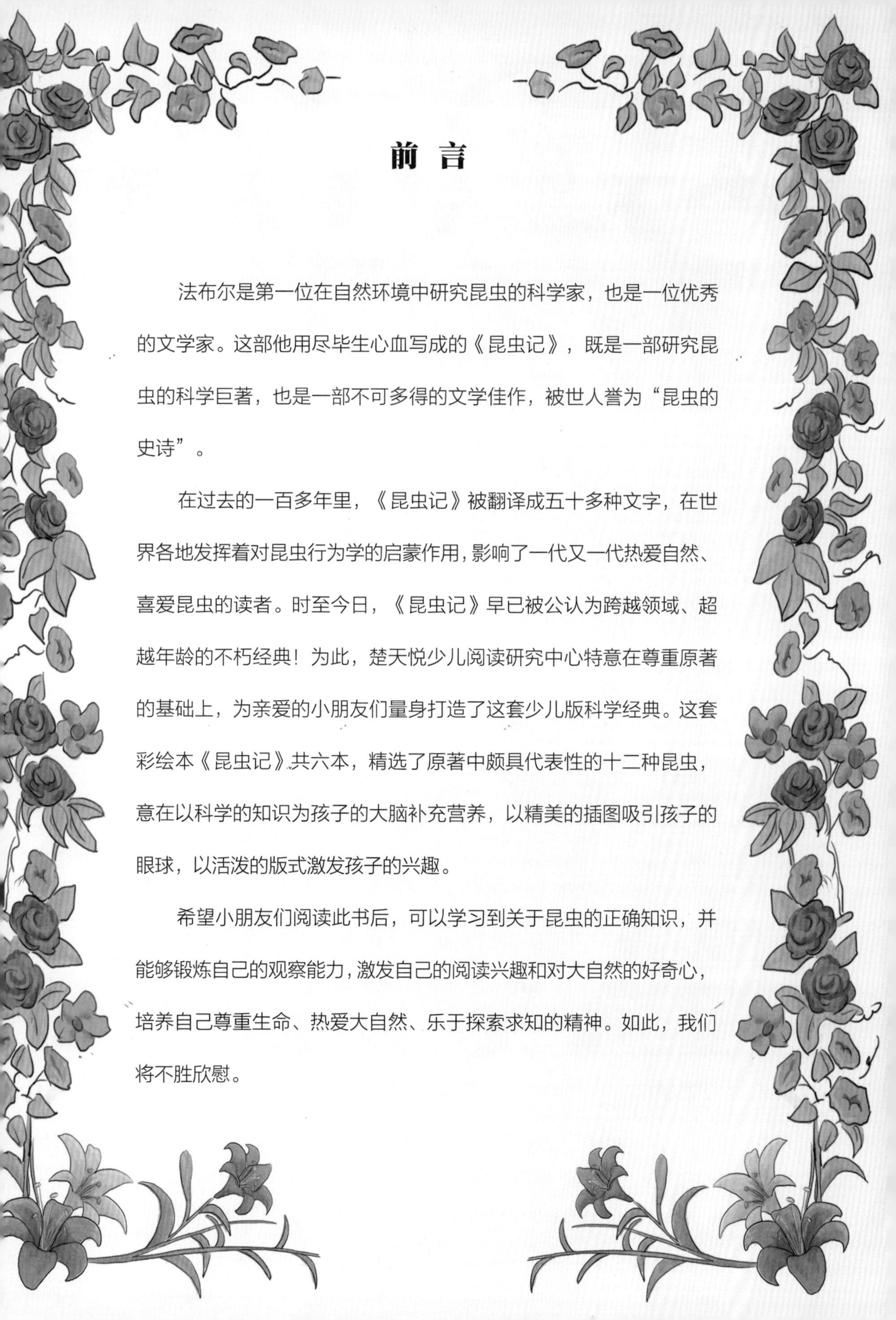

前 言

法布尔是第一位在自然环境中研究昆虫的科学家，也是一位优秀的文学家。这部他用尽毕生心血写成的《昆虫记》，既是一部研究昆虫的科学巨著，也是一部不可多得的文学佳作，被世人誉为“昆虫的史诗”。

在过去的一百多年里，《昆虫记》被翻译成五十多种文字，在世界各地发挥着对昆虫行为学的启蒙作用，影响了一代又一代热爱自然、喜爱昆虫的读者。时至今日，《昆虫记》早已被公认为跨越领域、超越年龄的不朽经典！为此，楚天悦少儿阅读研究中心特意在尊重原著的基础上，为亲爱的小朋友们量身打造了这套少儿版科学经典。这套彩绘本《昆虫记》共六本，精选了原著中颇具代表性的十二种昆虫，意在以科学的知识为孩子的大脑补充营养，以精美的插图吸引孩子的眼球，以活泼的版式激发孩子的兴趣。

希望小朋友们阅读此书后，可以学习到关于昆虫的正确知识，并能够锻炼自己的观察能力，激发自己的阅读兴趣和对大自然的好奇心，培养自己尊重生命、热爱大自然、乐于探索求知的精神。如此，我们将不胜欣慰。

蝉和蟋蟀

蝉被称为“大自然的歌手”，而蟋蟀被冠以“田园歌星”称号，可见它们的歌声闻名遐迩！

蝉非常喜欢歌唱，从春天一直到秋天，我们最熟悉的声音就是蝉在树上的高声鸣叫了。那一曲曲欢快的蝉歌，为炎炎的夏日增添了几分生气、几分盎然。但小朋友们知道吗，高声歌唱的蝉居然是聋子，它们丝毫听不到自己的声音，完全就像是聋子一样大喊大叫，这听起来可真是有趣！

蟋蟀也是一位出色的歌唱家。每到宁静的夏夜，草丛中便会传来阵阵清脆悦耳的鸣叫声，那是蟋蟀们又在开演唱会了。伴着茉莉花丝丝的清香，仔细侧耳聆听，它们的歌唱忽而如泣如诉，忽而欢快愉悦，是那么的亲切，充满生命力，每每令人着迷，给人一种不可名状的陶然之乐，激发起人们对于生命的热情。

现在，就让我们跟随着法布尔一起去聆听由著名的“大自然歌手”——蝉，还有“田园歌星”——蟋蟀为我们奉上的倾情演唱吧！

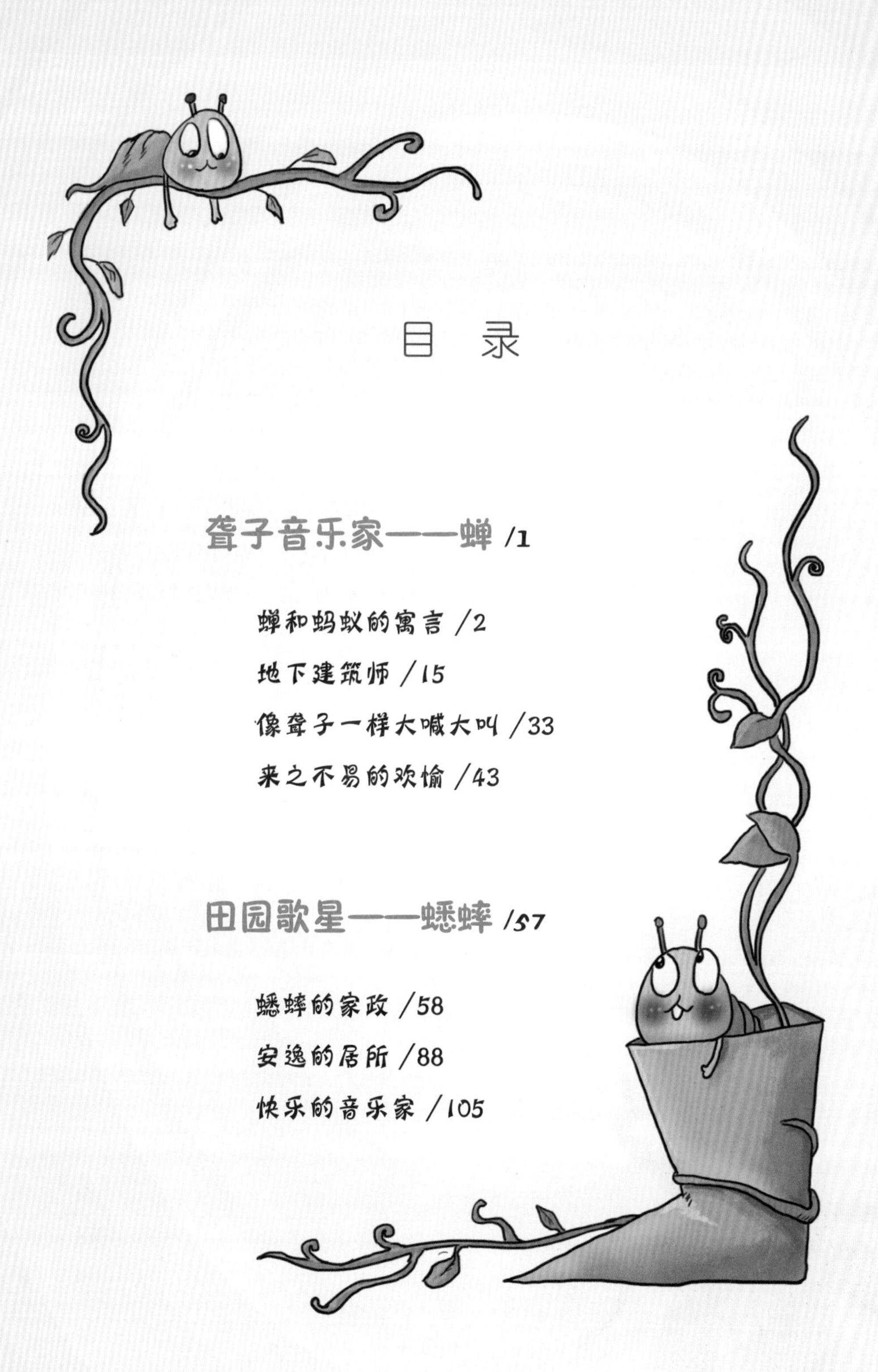

目　录

聋子音乐家——蝉 /1

蝉和蚂蚁的寓言 /2

地下建筑师 /15

像聋子一样大喊大叫 /33

来之不易的欢愉 /43

田园歌星——蟋蟀 /57

蟋蟀的家政 /58

安逸的居所 /88

快乐的音乐家 /105

聋子音乐家

——蝉

昆虫小档案

中 文 名：蝉
英 文 名：cicada
科属分类：节肢动物门，昆虫纲，同翅目
籍　　贯：广泛分布于全球各地，但主要分布在热带，多栖于沙漠、草原和森林。

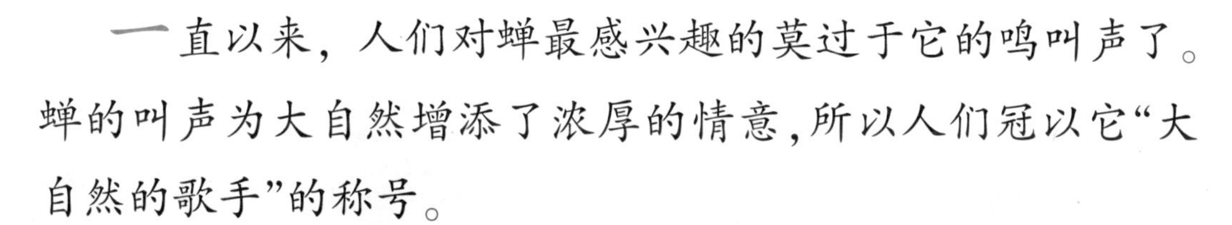

一直以来，人们对蝉最感兴趣的莫过于它的鸣叫声了。蝉的叫声为大自然增添了浓厚的情意，所以人们冠以它“大自然的歌手”的称号。

但是除了蝉的歌声，蝉还有哪些不为我们所知的特性呢？让我们一起来了解一下吧。

蝉和蚂蚁的寓言

对于蝉的歌声小朋友们已经很熟悉了，但是除了它的歌声，法国著名寓言作家拉封丹的那篇《蝉和蚂蚁》的寓言一样令我们耳熟能详吧。

现在，没有读过那篇《蝉和蚂蚁》的寓言的小朋友一定很好奇吧。

故事是这样的：在整个漫长的夏天，蝉除了整日歌唱，没有做任何别的事情。而此时勤劳的蚂蚁则不停地为了冬天的食物而劳碌奔波。终于，凛冽的寒风刮起来了，冬天到来了。

而这时，蝉一点食物都没储存下，饥肠辘辘的它只能厚着脸皮到蚂蚁那里去祈求一些麦粒。

骄傲的蚂蚁问它："你在夏天的时候难道不会想到冬天会挨饿吗？"

"可是在夏天我还要忙着唱歌呀！"蝉这样回答。

"唱歌?"蚂蚁讥讽地回答，说完，蚂蚁就很不客气地转身回到温暖的巢穴中去了。

这个故事极尽讽刺，与此相得益彰的是，在为拉封丹的寓言配插图的画家格兰维尔的笔下，蝉和蚂蚁的形象更是被夸张、对比到了极点。在他的画中，蚂蚁被装扮成了一位勤劳能干的主妇。

它站在自己的家门口,我们可以看到门里面是蚂蚁储存的大袋大袋的麦子,看来它可以安枕无忧地度过整个冬天了。蚂蚁鄙视地扭过头去,对蝉伸过来的乞讨的手不屑一顾。

作为一个热爱昆虫并热衷于研究昆虫的人,我不得不说,这则寓言和这幅漫画纯属无稽之谈,太过于荒谬了。我敢说,他们在写、在画之前,肯定没有对蝉做过一些细致的观察,或者他们干脆是把蝉当成是蚱蜢了。不管怎么说,我都有足够的证据为一直以来蒙受着巨大不白之冤的蝉平反昭雪。

在我们这个地方，即使是没有知识的人们，也知道在冬天是绝对不会有蝉出现的；在冬天为橄榄树培土的时候，农夫们还经常会从土里挖出一些幼虫。

他们无数次看到这种幼虫挖掘通道钻出地洞，爬上树枝，背上开裂，然后蜕去身上坚硬的旧壳，最后终于变成了一只蝉。

根据这个事实，在《蝉和蚂蚁》的寓言中，居然说蝉在冬天去向蚂蚁乞讨，这难道不是很荒唐吗？

蝉是从来不需要依靠别人的帮助而生活的，更不会去向蚂蚁伸出乞讨之手。相反，倒是蚂蚁经常去恳请蝉施舍它一些东西吃呢。

下面我就给大家解释这抢劫的过程吧。

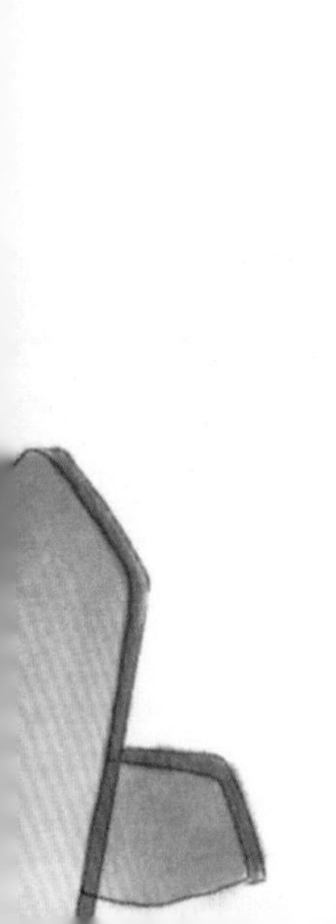

七月的天气可真热呀，火辣辣的太阳把大地烤得都要冒出烟来了。这里的众多昆虫为口渴所苦，四处游荡，一遍遍徒劳地在已经枯萎的花儿上寻找饮料。可这时候，蝉却以微笑和淡然对待这一切。

小朋友们可以想象一下，当太阳的光芒像烈焰一样吐向大地时，万物都避之不及，而这时，蝉却悠闲地坐在树的枝丫上，一边忘情地欢歌，一边在柔滑的树皮上钻孔，然后尽情地畅饮从里面流出的汁液。

但是好景不长，如果我们多观察一下，往往能看到它会遭受到一些意外的侵扰。

这些昆虫都有谁呢？我看到大多是蚂蚁、黄蜂、苍蝇、天蛾、金龟子等，蚂蚁的数量最多。

这些昆虫都想方设法地品尝到诱人的汁液。身材娇小的昆虫会偷偷地从蝉的肚子底下爬到井边,这时蝉一般会很有礼貌地用腿脚撑起身子,让这些贪婪的家伙过去。而个头比较大的昆虫,则飞快地抢上一口后,紧紧地咬住它的腿脚,拖拽它的翅膀,爬上它的背部。

蝉到最后只能无可奈何地放弃自己亲自挖的井。

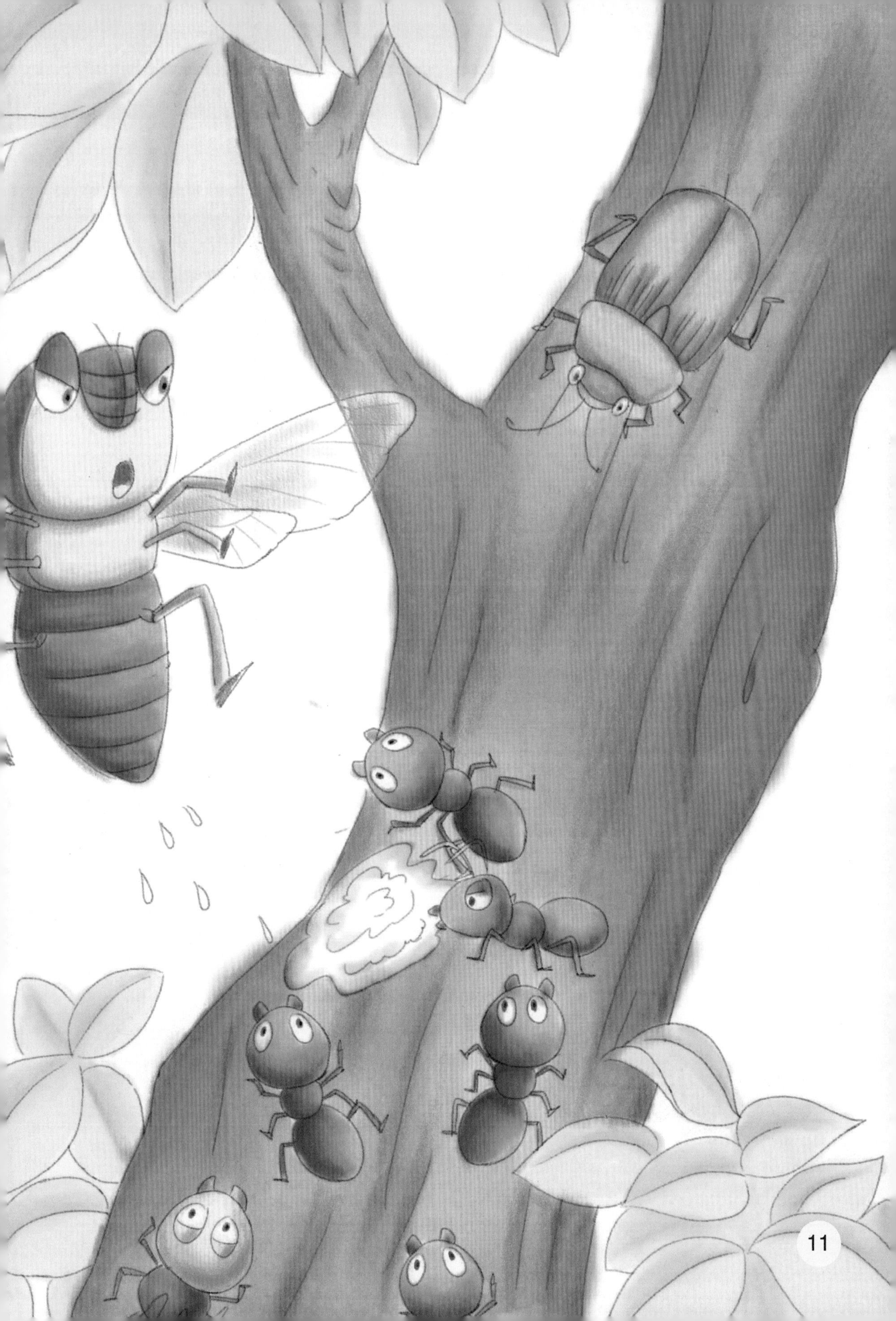

好了，现在我们看到真正的事实了：蛮不讲理的抢劫者、厚颜无耻的乞讨者是蚂蚁。而真正勤劳的、对处于困难中的昆虫具有同情心的则是一直被人们误解的蝉。

蝉的生命也耗尽了，从树梢上掉下来。它的尸体被阳光烤干，被行人践踏，也不幸地被一群强盗蚂蚁碰上。

最惨不忍睹的是，我经常会看到，在一些蝉还没有断气、翅膀还依然在不停地抖动的时候，这些可恶的侵略者就将它肢解、咬碎……真是命运悲惨啊！

你们看，毫无仁道可言的蚂蚁，被蚂蚁吞食的蝉，这样两种昆虫之间的关系不就很清楚了吗？

地下建筑师

对于研究蝉的习惯，我是很方便的，因为蝉离得我是如此之近。在每年的七月初，它们就开始霸占我窗前的那棵树，整日地在上边高声歌唱。

蝉的幼虫就是通过它破土而出之前生存的洞口从地下爬出来，之后蜕变的。除了在有庄稼生长的地方外，这种洞口有很多，尤其是在干燥而阳光充沛的路边，简直是随处可见。

六月末的时候，我决定研究被废弃的深洞了。地面是如此之硬，我只好用铲子来挖。这是一个直径约有一寸宽的圆洞。洞的周围没有一点泥土和杂物，甚至连一点尘埃都没有。

蝉的幼虫则是从地下开始挖，最后的工作才是挖开通往地面的那一扇门。所以，蝉是出洞，不可能在门造好之前就把土堆积到地面上来的。

蝉的地洞大概有四十厘米深，是圆柱形的。但是，根据土质的不同，它的地洞也会略有弯曲。

这个地洞那么深，挖出的土肯定不少，那么这些土都去了哪里呢？还有，这个地洞是在非常干燥而且易碎的泥土中挖成的，那么如果在挖掘过程中，没有任何加固措施的话，那么挖成的墙壁应该是极易粉碎的，很容易就坍塌。

但是，令我惊讶的是，这个洞的墙壁居然都被粉刷上了一层黏稠的泥浆。当然，洞壁距离非常光滑的程度还很远，但是至少不至于那么粗糙了。而且，本来粉末状的泥土受到了泥浆的浸润，就被牢牢地粘到墙壁上了。

看到这经过细心粉刷过的墙壁，我发现这个地洞绝对不是仓促之间完成的。这不是蝉的幼虫因为想急于见到外面的世界而建的，而是因为这里是它长期要居住的场所，所以它很用心。

这个地洞最显著的特点就是它可以作为蝉的一个气象站，通过它，蝉可以了解外面的天气情况。当蝉的幼虫成熟到可以出洞的时候，它需要知道外面的温度是否适宜。

所以，在出洞以前的很长一段时间内，它都需要耐心地挖掘、加固通道。但是并不马上挖通，而是先在地面上留了一层土层，大概有一指来深吧，从而保护自己并抵御外面空气的变化。在地洞的最底端，它修筑了一个相对精致、宽敞的小窝，那就是它避难和等候的港湾了。

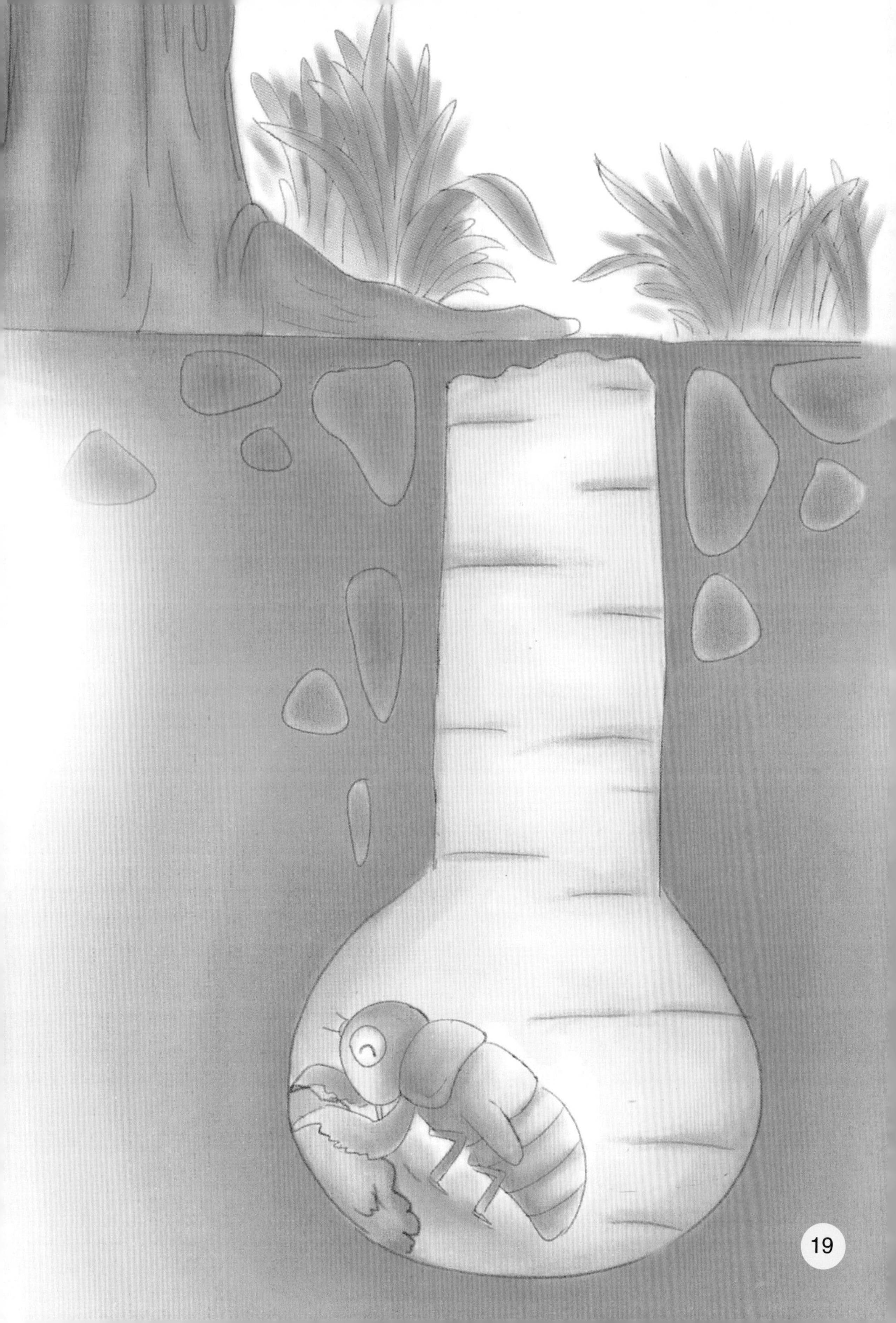

如果通过土层得到的消息是它还需要推迟时间出来，那么它就在里面待着；而一旦感知外面是好天气，它就会爬到那层薄薄的土层处，去聆听外面的情况。

相反，假如天气非常有利于它出行，那它就会迫不及待地用爪子打穿那层泥土，爬出洞穴。

这所有的迹象都已经向我们表明：蝉的地洞有着气象站和等候室的功能。

现在问题依然没有解决：在洞里和洞外都没有看到堆积的土，那么多挖出来的土到底哪里去了呢？

还有，地洞里的泥土很干燥，那么蝉的幼虫是从哪里弄来的泥浆呢？

而这只幼虫的情况又怎么样呢？它的身体里面充满了液体，就像是患了水肿病一样。我刚用手指抓住它，从它的尾部就立刻渗出来一种透明的液体。这种由肠子排出的液体是什么呢？是尿液？或者是由体内排出的残汁？

这些我都还不能得出肯定的结论，为了说起来更加方便一些，我们姑且称它为尿液吧。

现在我知道了，这尿液就是刚才问题的答案了。蝉的幼虫挖掘地洞的时候，在需要的时候就会撒尿，然后将泥土变成泥浆，再立刻用肚子把泥浆压在洞壁上，以使泥浆牢牢地粘住。

就这样，挖出的粉状泥土就被立刻转化为泥浆的材料了，所以不但没有产生一点土渣，而且修好的洞壁比之前更加紧密、结实了。小朋友们，现在你们知道这条宽敞的通道是怎么形成的了吧。

可是，还有一个令我不解的问题。即使是幼虫的全身都充满了液体，可这么长的通道，得需要大量的泥浆，它所贮存的液体肯定是不够的呀，这就需要随时的补充。可到哪儿去补充呢？又是靠什么来补充呢？

像挖掘地洞的蝉一样，我小心地把地洞整个挖掘开。在洞底的穴壁上，嵌着一些活的树根。这些树根只是微微地露在外面，其余的部分则都深深地扎入附近的土中。

小朋友们现在可以想象一下它工作时的情景了：当小幼虫把粉状的干土变为黏稠的泥浆之后，尿袋里的液体就用光了。这时，它便回到洞底的小穴，把吸管插进树根，痛快地大喝一顿。

等全身又充满液体后，它就爬回原地继续工作。它把干硬的土浇湿，然后用爪子把泥土搅拌成泥浆，再用肚子把泥浆压紧在洞壁上。好了，一条畅通无阻、结实紧密的通道就造好了。

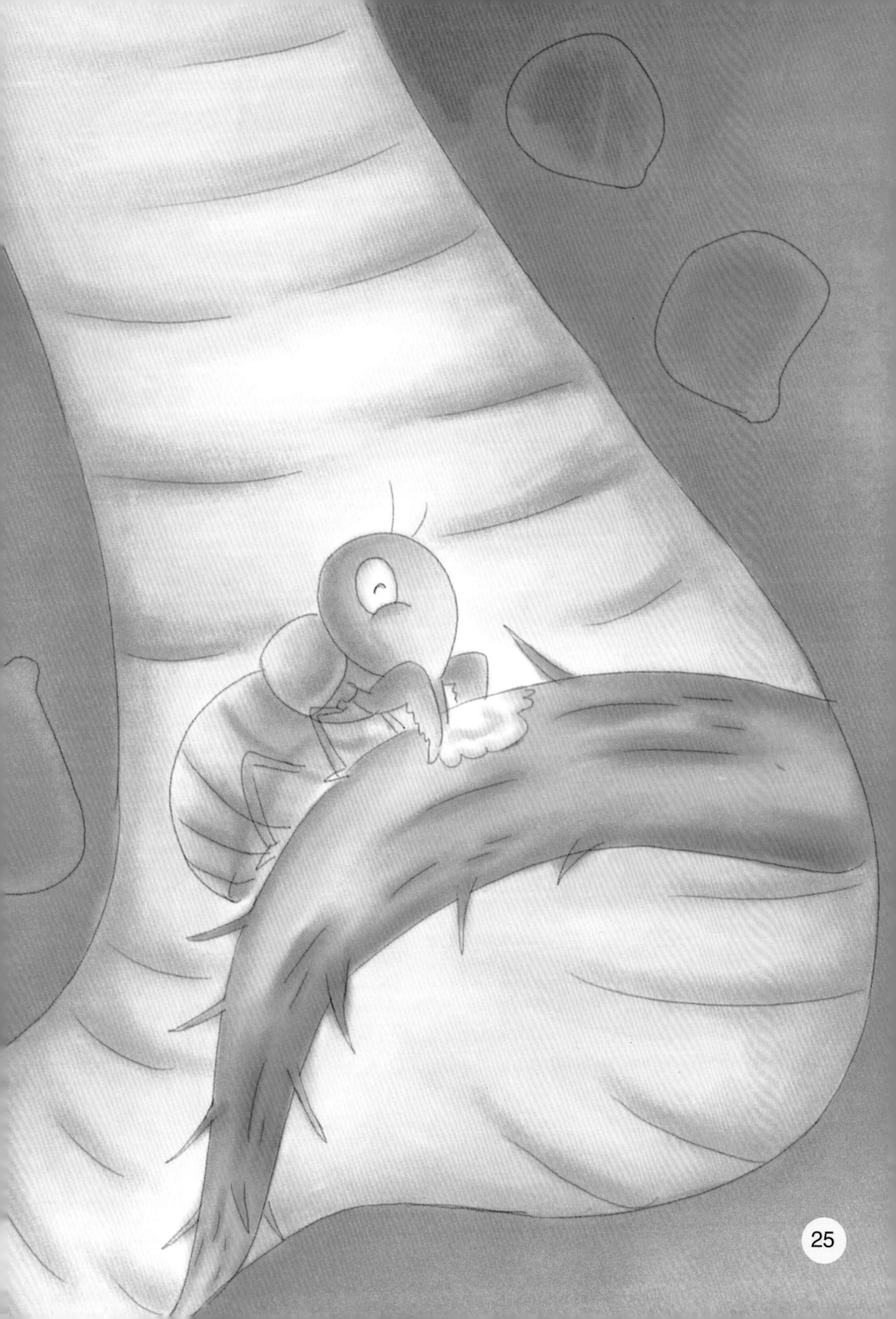

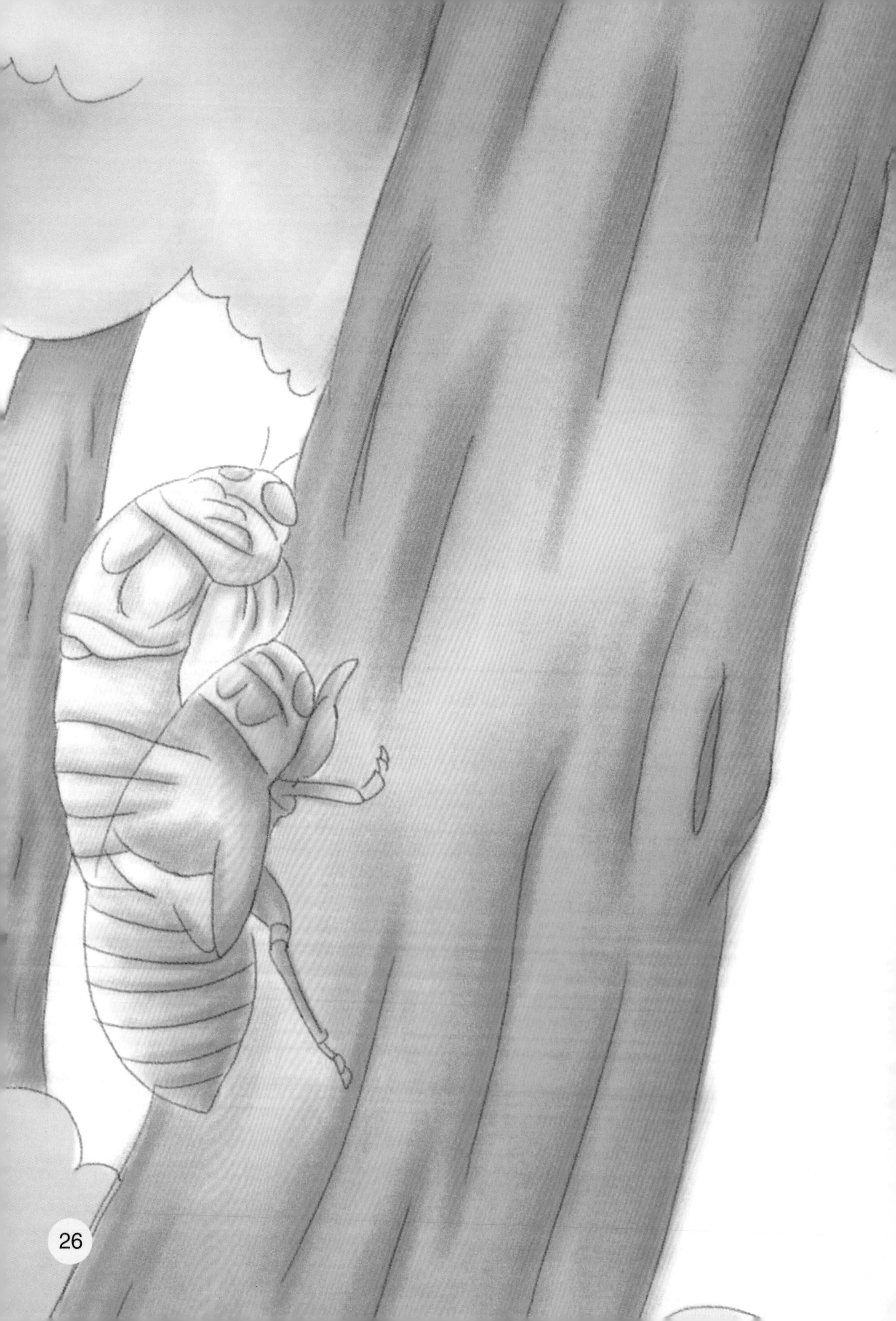

一般在挖好地洞十几天以后,蝉的幼虫就开始钻出来了。

首次出现在地面上的幼虫,常常在附近游荡一会儿,它需要寻找一个适当的地点以便把身上的皮蜕掉。

首先露出的是幼虫的中胸。它沿着幼虫背上的中线开裂,裂缝的边缘慢慢扩大,这时可以看到蝉的身体是浅绿色的了。它在蜕化的第一阶段时,向上可延伸到头部,向下则最多抵达后胸,而不会向其他更远的地方开裂了。接着,它的头罩挡在眼睛前面的部位也慢慢地裂开了,直至露出红色的眼睛。

此时,蝉的姿势是腹部朝上,身体水平地悬挂着。接着,在已经大敞的旧壳下面,它的后爪也伸出来了,这是它在此阶段最后获得自由的部位了。好了,这就是蝉蜕化的第一个阶段了。

蝉蜕化的第二阶段要比第一个阶段时间长一些。

接下来让我们来看看它的尾部是怎么抽出来的吧。在尾部没有抽出的时候，蝉依然披着它的旧壳。像做体操一样，它垂直地翻了个身，让头部冲下。这时它的身体是淡绿色的，稍稍带些黄颜色。

这个漫长的过程结束以后，蝉迅速地利用腰的力量，又翻了一次身，恢复了头向上的正常姿势。它用前爪紧紧地抓住空壳，终于把尾部从壳里解放出来。

好了，经过半个小时，大功告成，蜕壳的步骤终于完成了。

除了它的前胸和中胸部位稍微带一点棕色外，身体的其他部分都是淡绿色的。在短时间内，这个刚解脱出来的蝉，还很孱弱。

已经两个小时了，但是蝉看起来依然很脆弱，外表也没有什么太大的变化。它只用前爪钩在已蜕下的壳上，在风中不断地摇晃。

后来，它的身上有棕色出现了，并且颜色不断加深，很快，它就和平常我们看到的蝉一样了。这个过程大概需要半个小时左右。我看到蝉在树枝上悬着的时候大概是早上九点钟，等到中午十二点半的时候它才飞走。也就是说，从蝉的幼虫出洞到和成虫一样，然后抛弃它的皮飞走，整个过程大约需要三四个小时。

在秋天，甚至是在寒冬，我们都会常常看到挂在荆棘上、树枝上的蝉壳，它们此时依然很好地保持着刚刚蜕化时的姿势。

像聋子一样大喊大叫

小朋友都知道，蝉是非常喜欢歌唱的。但是，它的声音是从哪里发出来的呢？在它们翅膀后的空腔里有一个像钹一样的乐器，依靠它蝉能够发出清脆的声音。

但是，蝉这么痴迷于音乐究竟是为什么呢？每个夏天都乐此不疲，是不是像人们通常所认为的那样：那是雄蝉为了引起雌蝉的注意，是它们情人之间的欢歌呢？

这个解释看起来合情合理，但是我却有所怀疑，蝉和我已经相处足足十五年了。每年夏天都有差不多长达两个月的时间，它们的声音那么的聒噪，一直充斥着我的耳膜。

为了能够更加清晰、细致地观察它们，我只能近距离地听它们美妙的歌声。我看到它们在光滑的梧桐树上排成行，头都是朝上的。它们雌雄彼此混在一块儿，挨得很近。

但是这没完没了的歌声真的是它们对于爱情的呼唤吗？让我们来分析一下吧。雄蝉和雌蝉是混在一起待在树上的，简直就是近在咫尺，它们怎么会为了吸引身边异性的注意力，而不停地叫上几乎两个月呢。

再说，当雄蝉大肆地奏响最为嘹亮的响板时，我还从来没有发现过哪只雌蝉有特别青睐这种声音的表示，比如说是有轻微的扭动或是摇摆。它们完全无动于衷。还有一个很重要的线索，那就是蝉的视力是非常好的，求婚者完全没有必要一直喋喋不休地表白，因为它的意中人分明抬眼可见啊。

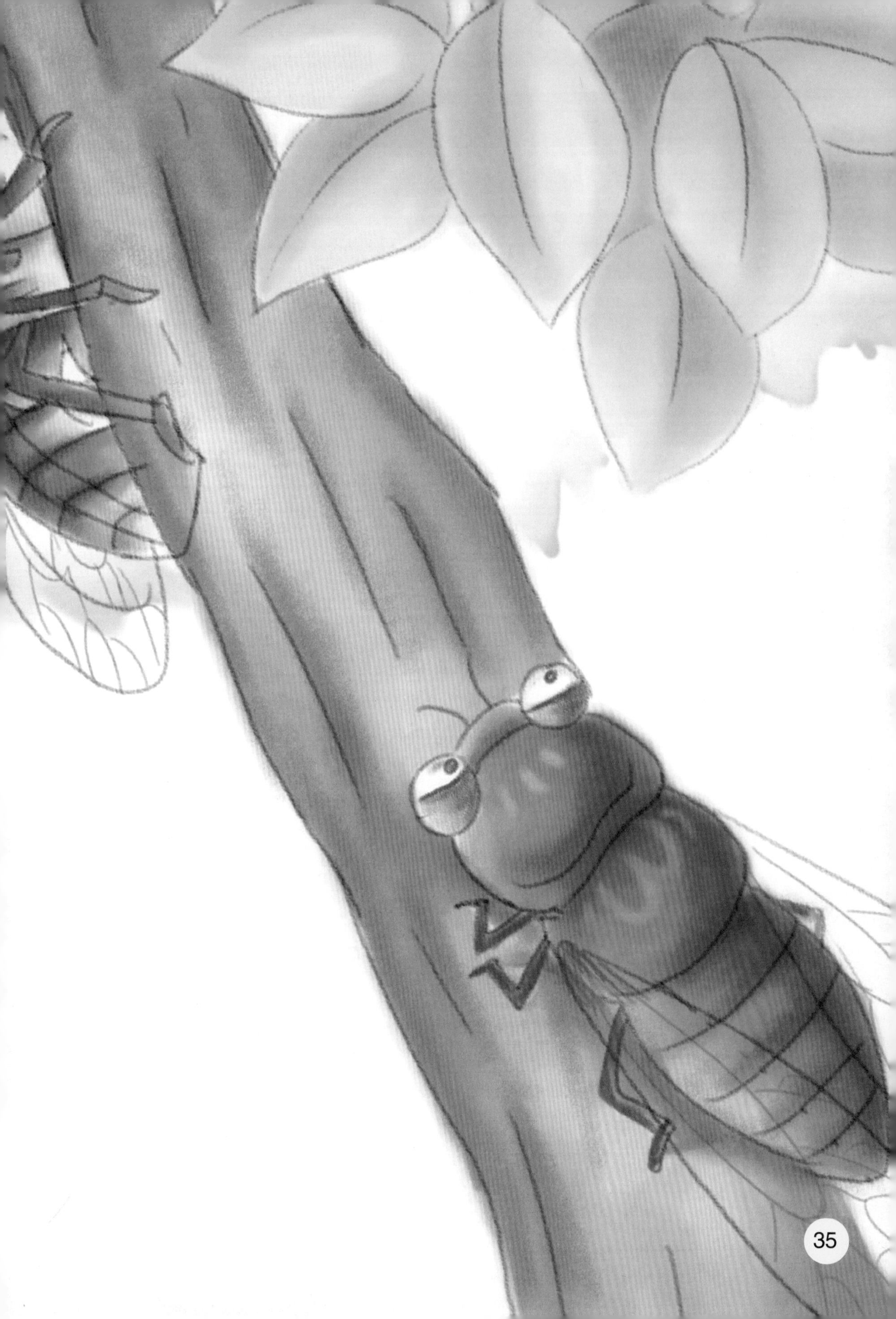

从科学的角度来说，我们希望一切变得清晰明了，但是，事实上，就昆虫来说，我们还有很多不了解的领域。

雄蝉的音钹所发出的嘹亮的歌声，到底会在雌蝉身上产生怎样的作用？这个问题就像是一个深不可测的谜一样，我们完全搞不清楚。我们只能根据所观察到的表象来下结论：雌蝉对这些歌声根本就无动于衷。

对于这个结论，我有一个很重要的证明。一般来说，凡是对于歌声很敏感的动物，它的听觉一定很灵敏。

小朋友们都知道，蝉有着很敏锐的视觉。它那两只大大的眼能帮助它观察到左右两边的事情，而它那三只像红宝石般的、具有望远镜般强大功能的单眼，能够帮它看清头部以上发生的事情。只要察觉到有任何不对劲的地方，它们就会马上噤声，然后迅速地飞走。

可有意思的是，如果我们避开它的视线，即使我们再大声地喧哗、嬉闹，甚至是拿两块石头使劲地撞击，它们也不会有任何的反应。

为了肯定这点，我做了大量的实验。下面我就给小朋友们讲讲我最难忘的一个实验吧。

那次，我特地借用了镇子上只有在节日时才会鸣的炮。我一共借来两门炮，每门炮都装满火药。

我们把两门将要发出巨响的炮就架在了蝉最喜欢停留的我家门前的梧桐树底下。我们并不担心蝉会看到这些，因为它们正沉醉于自己的歌声中。在鸣炮之前，我们没忘记把家里的窗户都打开，因为这巨大的响声是极有可能把玻璃震碎的。

做实验的时候，我们一共有六个人在场。所有的人都认为，在炮响过后，蝉应该会感觉到危险，表现出诚惶诚恐的样子。我们都很仔细地观察蝉的一切动静，包括开始时蝉的数量，还有它们正在歌唱的节奏等等。好了，一切准备就绪，我们都仔细地关注着那如雷贯耳的响声会产生怎样的变化。

结果让人意外的是，树上的蝉好像并没有感觉到任何事情的发生。它们一只也没有因为受到惊扰而飞走，

我们又接着打响了第二炮，但是它们依然兴致勃勃地高声歌唱，一点儿也没有因为炮声而受到惊吓。

由此我们可以推断出：蝉是个聋子。

既然蝉不能听见彼此的声音，这就排除了雄蝉用高歌吸引雌蝉注意力的可能性，那么蝉的高声鸣叫到底是为了什么呢？

在路边的碎石中，蓝翅蝗虫一边享受着阳光，一边用后腿摩擦着鞘翅的边缘；在暴雨来临之际，拼命地在灌木丛中扯着嗓子高声欢叫。难道它们也是在吸引异性的注意吗？

蓝翅蝗虫琴弓的摩擦声音是如此之轻，绿蛙和雨蛙的声音虽然很大，但是和蝗虫一样，它们所期待的意中人都没有到来。

这些小昆虫在用自己的方式表达着生命的乐趣。这种乐趣存在于每种动物身上，这是没有原因可以解释的。

如果有一天，随着科学的发展，人们能够证实蝉的歌唱没有别的任何目的，只是为了抒发对生活的热爱，我不会感到奇怪。

因为到目前为止，一切都没有定论，只是我的推论而已。小朋友们，这小小的昆虫身上所蕴藏的谜可真不少啊！

来之不易的欢愉

一般来说，蝉喜欢把卵产在细细的干树枝上。这些枝条基本上是垂直于树干的，偶尔也会选择断枝，但这些断枝也必须正好是垂直的。它们还特别偏爱那些纤长而平滑的树枝，因为这样的树枝可以把它们所产下的卵全部容纳。

还有一个很苛刻的条件，那就是这些树枝都必须是枯死的，而且还得是完全枯萎。

当然，偶尔我们也看到有些蝉把卵产在一些还在生长的活树枝上，这些活树枝通常都是很干枯的。

当蝉找到合适的细树枝后，就会用胸部尖利的工具，在树枝上刺上一排小孔。这些小孔好像是用针斜刺下去的，把木质纤维稍稍地向外挑起，形成微微的凸起。

如果树枝的形状很不规则，或者是好几只蝉相继在同一根树枝上产卵，那么小孔的分布就显得很杂乱。

在正常的情况下，如果蝉妈妈的卵都产在同一排刺孔里，那么刺孔的数量大概会有三十到四十个。就是在这些小孔似的卵穴里，蝉妈妈所产卵的数量却会相差很多。

据我统计，每个卵穴里卵的数量大约在六到十五个之间。雌蝉每次产卵要钻三十到四十个穴，所以，它的产卵总数大约有三四百个。

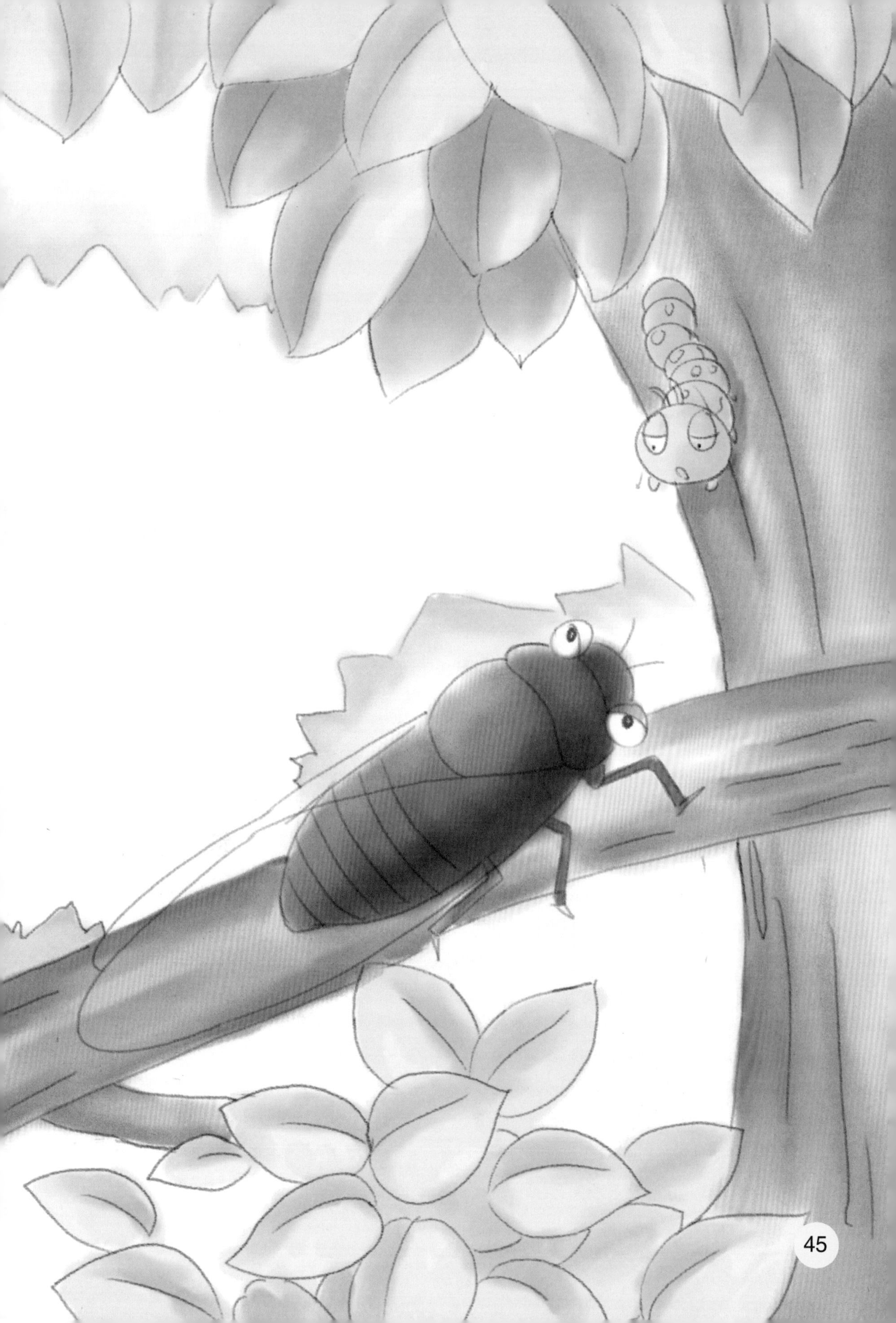

这么算起来，蝉的家族可真算是多子多孙啊。但是，如此庞大的成员数量，到最后真正存活下来的为数并不多。

所以它们必须要生产出大量的卵，来保证蝉的种族能够有机会延续。

当蝉妈妈正陶醉在产卵的过程中，会有一只丝毫不惹人注意的小飞蝇，不怀好意地觊觎着蝉妈妈刚产下的劳动成果。别看这个像侏儒一样的小东西是如此的不起眼，但它可是蝉卵的致命杀手。

我曾经不止一次地看到这样的情景：蝉刚在一个卵穴里产完卵，爬到上面稍高的地方去为小宝宝们钻下一个卵孔，这个强盗就马上赶到蝉刚刚产下卵的地方。

它就这样毫无惧色地紧紧地挨着这个巨人，屠杀它的宝宝，并将自己的卵产在那里。小飞蝇的神情是如此的自然而满足，就好像所处的环境是在自己家中一样让自己放心。

所以，蝉的大部分卵穴因为有了外族的卵的入侵，而不幸地遭到了毁灭。在这个屠杀室中，飞蝇的卵会比蝉卵先一步孵化出来，取代蝉的后代。

哦，这些可怜的雌蝉，几个世纪的惨痛经历却没有让蝉妈妈吸取到一点儿教训！它的视觉是如此的发达，怎么会看不到这些罪大恶极的强盗呢？

可是蝉妈妈始终改变不了它的本性。它宁愿自己做出牺牲，背负作为母亲失去孩子的极度痛苦，也不会对这些恶人做什么。

蝉的卵在开始的时候像极了小鱼儿，眼睛则像是两颗又大又圆的黑点。在它的腹部还有一个像鳍一样的东西，使它的形状更加像鱼了。

这个鱼形的卵爬到穴外以后，身上的外套就会立刻裂开一条缝，从此以后就变成普通的幼虫了。

幼虫就依靠它身上的外套附着在树枝上。在幼虫还没有落地之前，还需要在这里沐浴一下阳光，同时它还不断地踢腾着腿，有时也会偷懒，在它羽化成虫时的开裂线的一端懒洋洋地晃来晃去。

这个柔弱的小幼虫，一开始是白色的，慢慢地就变成琥珀色的了。它的触须很长，十分灵活地摆动着。腿脚的关节也都可以活动自如，随心所欲地伸缩。

它会在空中翻一个筋斗后再降落到地面上。这样悬挂的时间有长有短，从半个小时到一两天不等。

不过，不管落地是早是晚，这个小虫子都会落到地面上来。

它在碰触到坚硬的地面时，依靠着悬挂绳索，使自己娇嫩的肌肤不至于摔伤。而它的身体也在空气中慢慢地变得更加结实。

一阵微小的风吹过，它们撞到坚硬的岩石上，吹到广阔的汪洋中，或是寸草不生的黄沙上，它们面临着太多太多意想不到而又足以致命的危机。

最好的结果是落到一块儿松软、能够轻松钻入的土地上，以便立刻躲进其中，脱离那些随时到来的危险。

所以，毫无疑问，在找到合适的地下居所以前，很多幼虫都死去了。

蝉从出生到现在遭遇到了多少危险啊。在它还是卵的时候，就遭到了那黑色的小飞蝇的无情洗劫；在幼虫出生后，寻找第一个住所时所遇到的困难，又向我们揭示了蝉的后代死亡率是如此之高的重要原因。

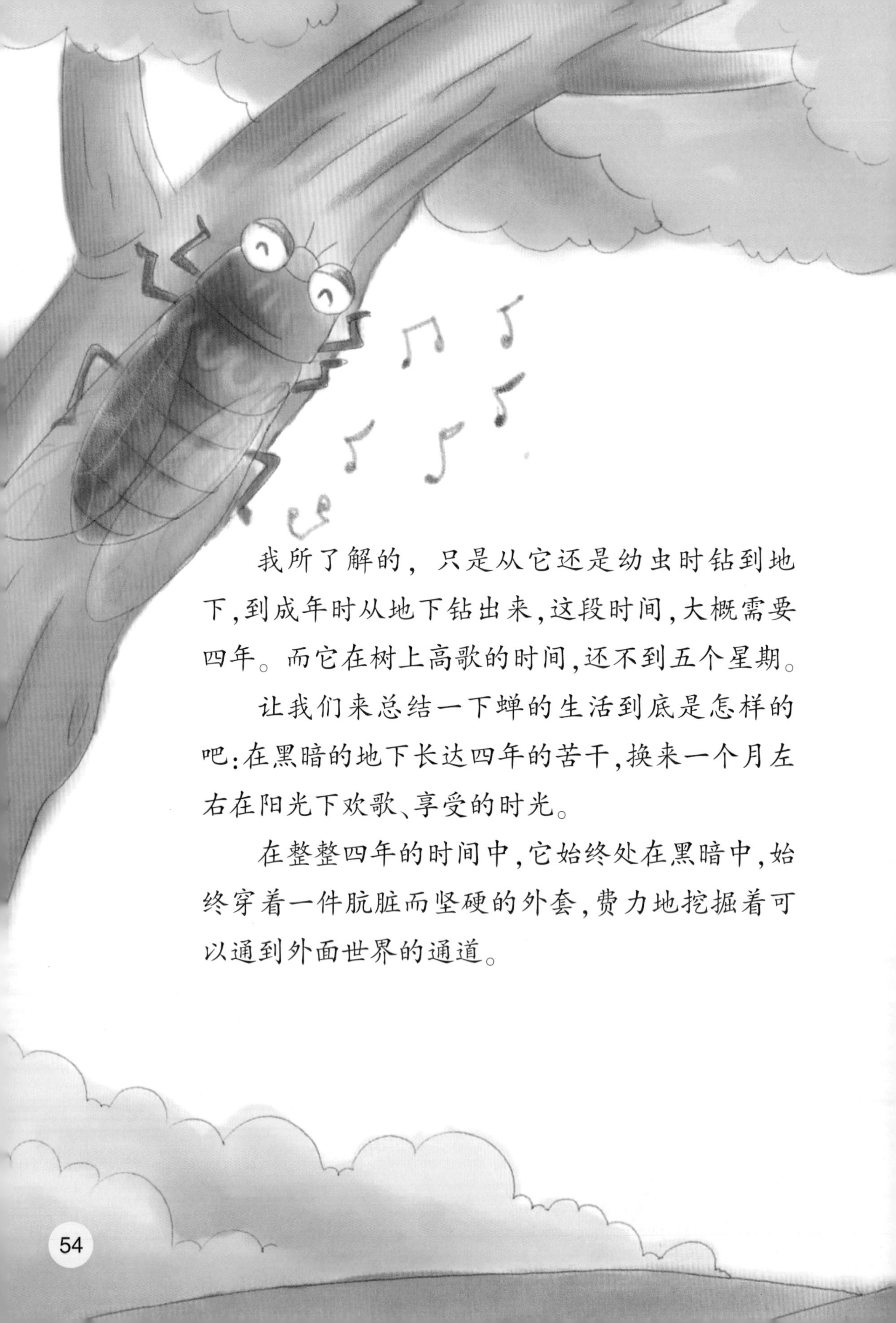

我所了解的，只是从它还是幼虫时钻到地下，到成年时从地下钻出来，这段时间，大概需要四年。而它在树上高歌的时间，还不到五个星期。

让我们来总结一下蝉的生活到底是怎样的吧：在黑暗的地下长达四年的苦干，换来一个月左右在阳光下欢歌、享受的时光。

在整整四年的时间中，它始终处在黑暗中，始终穿着一件肮脏而坚硬的外套，费力地挖掘着可以通到外面世界的通道。

终于,四年的艰苦过后,它穿上了漂亮而华美的礼服,长出了足以与鸟儿相媲美的翅膀。它沉醉在美丽的大自然中,呼吸着芬芳的空气,沐浴着温暖的阳光,尽情地享受着这无忧无虑的欢愉。

田园歌星

——蟋蟀

昆虫小档案

中　文　名：蟋蟀
英　文　名：cricket
科属分类：昆虫纲，直翅目，蟋蟀科
籍　　贯：广泛分布于世界各地，均生长于地下。

蟋蟀俗称蛐蛐儿，或促织。许多小朋友都玩过斗蟋蟀的游戏，尤其是长在农村的孩子。蟋蟀相互格斗，不怕伤痛、顽强拼搏的精神很有一种久经沙场的大将军豪情！不过，蟋蟀并不总是那么好斗的，它们最大的乐趣是高声鸣唱。你们知道吗，它们还有着“田园歌星”的称号呢！

蟋蟀的家政

蟋蟀的歌唱才华，几乎众所周知。每到夏夜，草丛中便会传来阵阵鸣叫声，那是蟋蟀们又在开演唱会了。它们的歌唱是那么的亲切，令人着迷，给人一种不可名状的陶然之乐。

除此之外，它们的住所也是让它们扬名的一个重要原因。

奇怪的是，一位名叫拉封丹的著名动物学家，他在写蟋蟀时，只是轻描淡写，好像并没有注意到这种小动物的才华与名气。

还有法国的一位寓言作家在一篇写蟋蟀的故事中这样写道："蟋蟀并不满意，它在叹息自己的命运！"这是多么滑稽呀！

因为，任何人只要是对蟋蟀有一点点了解，哪怕只是浮于表面的一点点观察，都会知道，蟋蟀是一种怎样乐观快乐的小动物啊！蟋蟀满意自己的住所，也庆幸自己天生具有的歌唱才华。所以，它们怎么会为自己的命运而叹息呢？

不过，这位寓言作家最终还是被蟋蟀感染了，在故事的结尾处，他这样写道：

“我的小家庭是那么的舒适，让人感到快乐，

如果你想要快乐的生活，就来这里隐居吧！”

下面,小朋友们就请听我朗读一首诗吧:

“一只快乐的蟋蟀跑出来,趴在它的洞口,沐浴在金黄色的阳光下,看见了一只趾高气扬的花蝴蝶。

它飞舞着,翩跹它那美丽的翅膀,半月形的花纹,轻快地排成长列,金色的星点与黑色的长带,骄傲的飞行者都一一拂过。

隐士说道:‘离开这里吧,到你的花园里去吧,不论菊花还是玫瑰都不能和我的家相比。’

突然，风暴来袭，飞行者被雨水打湿，它的花衣服溅上了讨厌的污点儿，它的翅膀被涂满了烂泥。蟋蟀藏匿着，淋不到雨，用冷静的眼睛看着，发出歌声。

风暴的威严与它毫不相关，狂风暴雨从它的身边无碍地过去。”

小朋友们，你们从这首诗里感受到小蟋蟀们对于自己生活的满足和快乐了吗？

我们经常可以看到蟋蟀在自家的阳台上不断地卷动着它们的触须，并且它们总是腹部对着阴凉处，背朝着太阳，这样好使它们身体的前面可以凉快一点，后面更加暖和一些。与那些在空中起舞的花蝴蝶相比，它们这样的生活单调而乏味。但是蟋蟀不这样认为。它们不但不会嫉妒蝴蝶，反而常常对它们表现出怜悯之情。

因为，就像诗中所说，虽然蝴蝶外表光鲜，可是等到风雨来袭时，却没有一个可以安身的港湾，这在蟋蟀的眼里，是多么悲惨的一件事啊！

它们始终以乐观的态度对待生活，从不悲观。已经拥有了属于自己房屋，并且有着美妙的歌声作为消遣，它们并不觉得世界上还有别的什么事能比这两样让它们更欣慰，更快乐。

蟋蟀似乎早已看破红尘,所以它们明智地躲开这个世界的纷纷扰扰,从来不盲目地追寻所谓的快乐。它们总能在自己内心的最深处，找到属于它们自己的那份安宁和怡然。

从这些方面来说,蟋蟀可真算得上是一位超脱淡然而又睿智的哲学家啊。

好了，这样的描述对于蟋蟀，才稍微地公平了一些。

在前面提到的关于蟋蟀的那篇寓言中，寓言作家在最后由衷地赞美起了蟋蟀的隐居地点；而那篇写蟋蟀的诗歌，更是把蟋蟀对于自己住所的满意之情表达得淋漓尽致。

所以，我们不难看出，蟋蟀的住宅是很引人注目的，甚至能引起诗人对它的赞美。那我们就从蟋蟀的巢穴说起吧。

的确，在建造巢穴以及家庭方面，蟋蟀可真算得上是卓越超群呢！

相比之下，大多数别的种类的昆虫就很可怜了。它们一般都只有一个临时的隐蔽场所，其功能只是躲避大自然的恶劣天气，或者是暂且的休养生息等等，一点家的温馨感也没有。正因为它们的巢穴得来的是那么容易，所以在丢弃的时候也就丝毫不觉得可惜了。

当然了，在很多的时候，这些别的昆虫在安置它们的家时，也能建造出一些让人感觉眼前一亮的东西来。比如说，用棉花做成的袋子，用各种树叶制成的篮子，还有用水泥制成的塔等等。

有很多的昆虫，它们长期埋伏在自己的巢穴中，一旦有猎物从这里经过，它们就会迅捷地捕获自己期待已久的“大餐”。你们知道有一种叫作虎甲虫的小动物吗？它可称得上埋伏的高手呢！

虎甲虫会首先挖一个垂直的洞，然后用自己那平平的、有着青铜颜色的小脑袋把洞口塞住。就这样，一切准备就绪，接下来就只等着猎物自动送上门了。虎甲虫从来不用担心没有猎物可捕，因为它对于自己的伪装技术非常的自信。

说到利用巢穴捕捉食物，蚁狮也是一个不得不提到的高手。它往往会在沙地上一面旋转一面向下钻，在沙地上做成一个漏斗状的陷阱，就像是一个倾斜的隧道。而它自己则躲在漏斗最底端的沙子下面静候着猎物的到来。蚁狮捕捉的动物一般是蚂蚁和小虫。

当蚂蚁或者小虫爬入陷阱时，会因沙子松动而向下滑落，这时蚁狮会用它那一双大颚不断地向外抛沙子，使受害者被沙流推进漏斗的中心，然后蚁狮就用大颚将猎物紧紧地钳住，并拖进沙里将它吃掉。

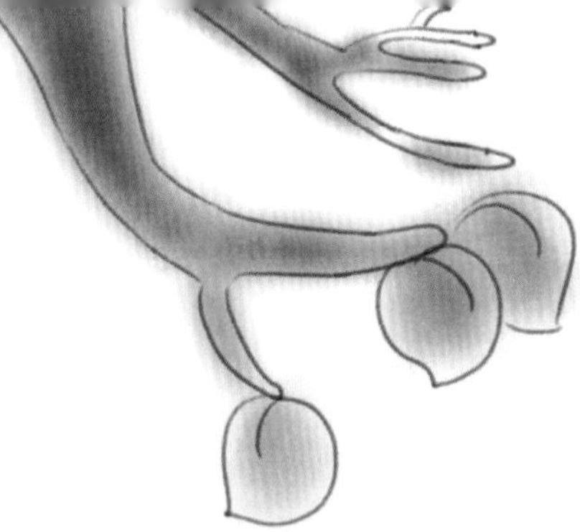

但是，无论是虎甲虫或者是蚁狮，还是别的一些小动物，它们的巢穴都只是一种临时性的避难场所，实在没有家的温馨舒适可言，也不是长久之计。

而蟋蟀的家就不同了。它喜欢把家建在能被温暖的阳光照射到的青草坡上。它会不辞劳苦地一直为它的巢穴而忙碌，直到它认为满意为止。

这样，无论是春天，还是寒冬，蟋蟀都会对它的家无比地依赖，而不想迁移到任何其他的地方去居住。

因此，它的家温馨、安全并长久。

从建造巢穴这个角度来看，蟋蟀可真算得上是有远见卓识啊！你们想，当蟋蟀在家中悠然地闭目养神时，其他的昆虫或许正在四处漂泊，也或者是正在露天的空地上被冻得瑟瑟发抖。唉，它们是多么可怜啊！

可这有什么办法呢，由于懒惰而造成了无家可归，真希望它们可以从中得到教训啊！

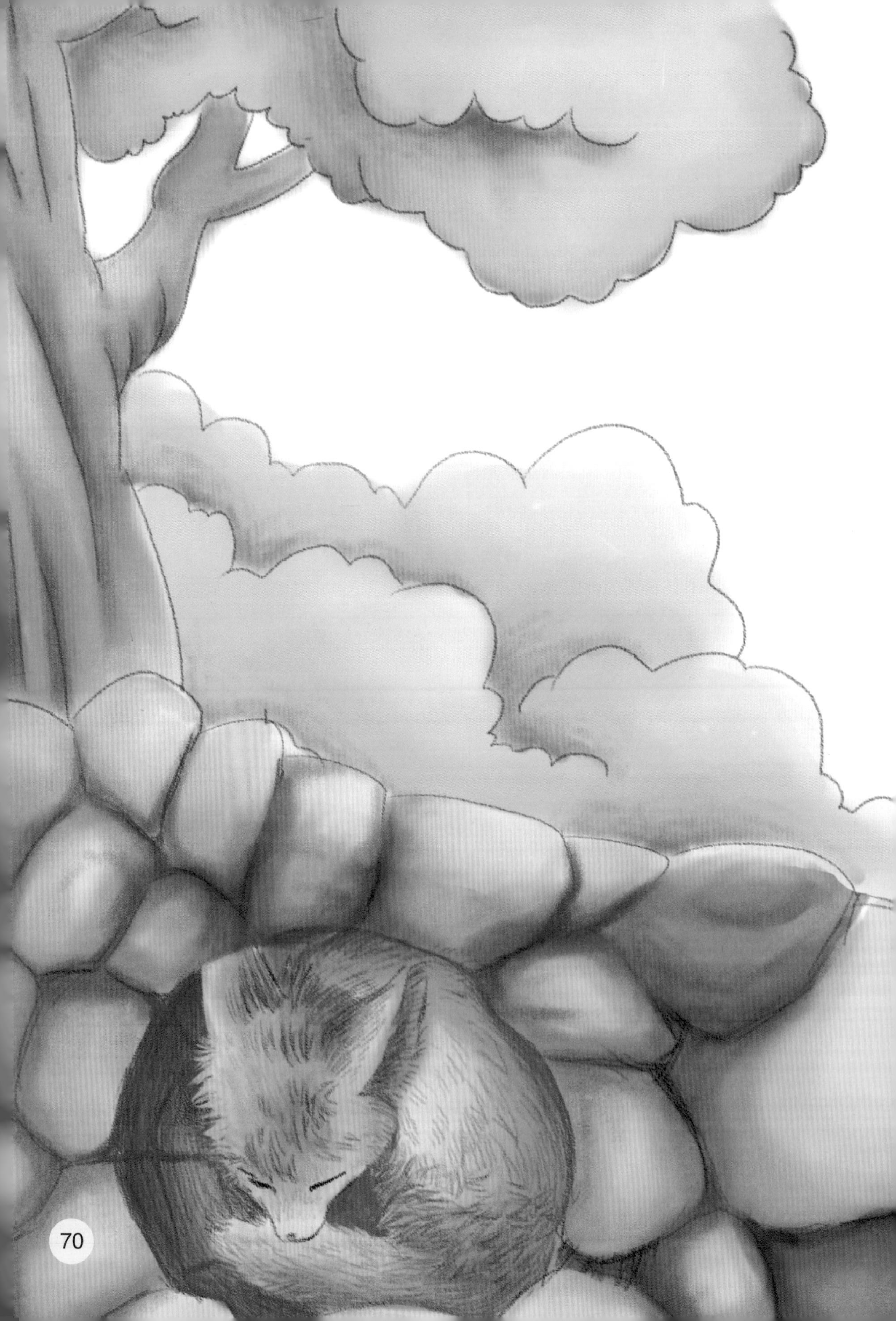

不过，要想成为蟋蟀那样拥有固定居所的优越居民，也并不是那么简单的。因为，虽然现在对于蟋蟀、兔子、人类等群体来说，建成一个稳定的住宅，已经不算是一个大问题了，但是对于一些其他的动物来说，还是有些困难的。比如说狐狸和獾猪等。

在我家附近呢，经常会发现狐狸和獾猪的洞穴。你们观察几个，就会很快得出结论：它们对于住所的要求很低，只要能有个洞可以暂且偷生，“寒窑虽破能避风雨”就可以了。

所以它们的洞都很简单，绝大部分都只是用一些凌乱的岩石胡乱地堆积而成的，而且这些懒家伙很少会有心思修整它们的洞穴。

与之相比，兔子可就显得聪明多了。如果没有找到任何天然的洞穴可供自己居住，以便躲避外界的侵扰，那么它们就会毫不犹豫地在自己喜欢的地方亲自挖掘自己的洞穴。

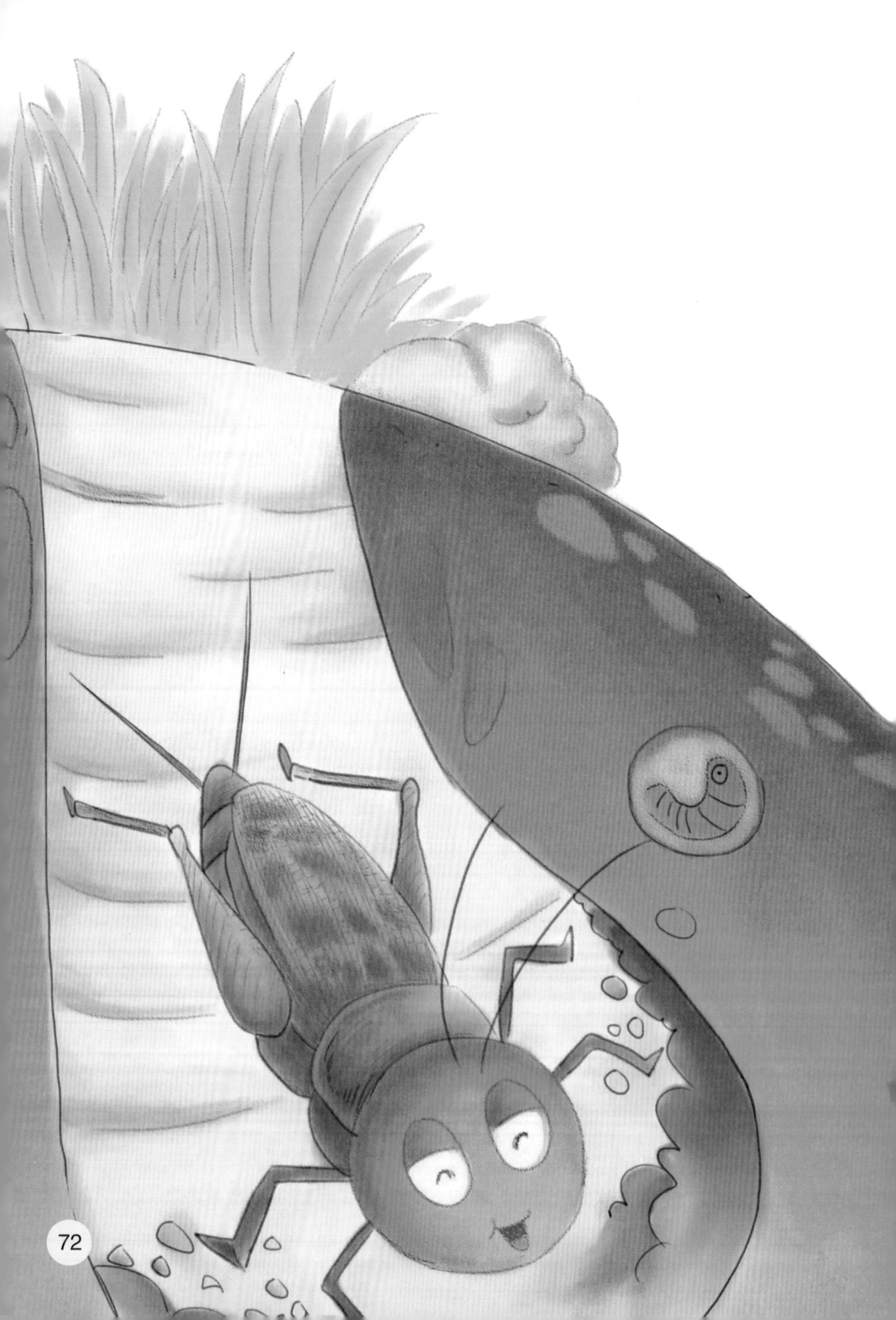

再次相比，蟋蟀可算得上是这些动物中最聪明的一位了。

它们不建则已，要建就建最好的。所以在选址时，它们一定会找到最佳的场所，不会有一丝含糊。它们非常愿意挑选那些排水条件优良，并且阳光充足的温暖地带作为自己的居所。

蟋蟀的建筑技术真的是很高超，甚至可以与人类相媲美。因为，即使是人类，在掌握造房子的技术以前，也只是以岩洞作为生活的场所，同时躲避野兽的追踪，并和大自然的恶劣天气做抗争。

而且，小朋友们，你们知道吗？蟋蟀具有独居性，也就是说每只成年的蟋蟀都是单独生活在一处房子里的。

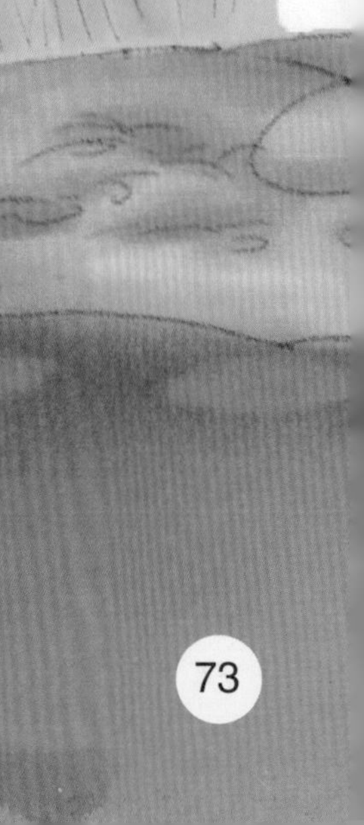

但是,这样一种看起来如此柔嫩的小动物,怎么会有如此大的本事呢?难道说是大自然特别地眷顾它,所以特地赐予了它某种特别的工具吗?答案是否定的。

这很大程度上是因为人们看到蟋蟀工作时的工具十分柔弱,与它的工作成果是绝对不能够成正比的。

那么,是因为蟋蟀的皮肤非常柔嫩,不能经受风霜雨雪的袭击,所以才格外需要一个稳固而舒适的居所吗?

当然,答案依旧是否定的。因为,在它的同类兄弟姐妹中,也有很多种类和它一样,有着柔嫩而且感觉很灵敏的皮肤,但是它们并不介意阳光和雨雪。

那么,难道是因为它的身体构造有什么特殊之处,或是有从事挖掘工作的器官用于帮助它建造出舒适坚固的房子来吗?答案仍然是否定的。

我为什么能够如此的肯定呢?原来,在我家附近,生长着三种不同种类的蟋蟀,它们分别是双斑蟋蟀、独居蟋蟀、波尔多蟋蟀。

无论是从外表、肤色,还是身体的构造方面,它们和我们常见的野地里的蟋蟀都十分相似, 以至于我在一开始观察它们的时候,经常把它们当成是田野中的蟋蟀呢。

然而，长相相似的同类，竟然没有一只像田间蟋蟀那样为自己建造一个安全而舒适的家。

其中，身上长有斑点的双斑蟋蟀，它总喜欢把家安在潮湿、腐朽而又杂乱的草堆里。独居蟋蟀就像是一个流浪汉，它总是孤零零地在园丁们翻土时弄起的土块儿上跳来跳去，似乎总也找不到自己的归宿。那种波尔多蟋蟀，它的胆子大极了，居然不向我打招呼、大摇大摆地闯到我的屋子里来，找一个昏暗寒冷的地方安营扎寨。

就这样，它们安心地从八月份待到九月份。这些蟋蟀很是得意，我经常听到从角落里传来它们那愉快的歌声。

哦，这帮小家伙，简直是太过分了！

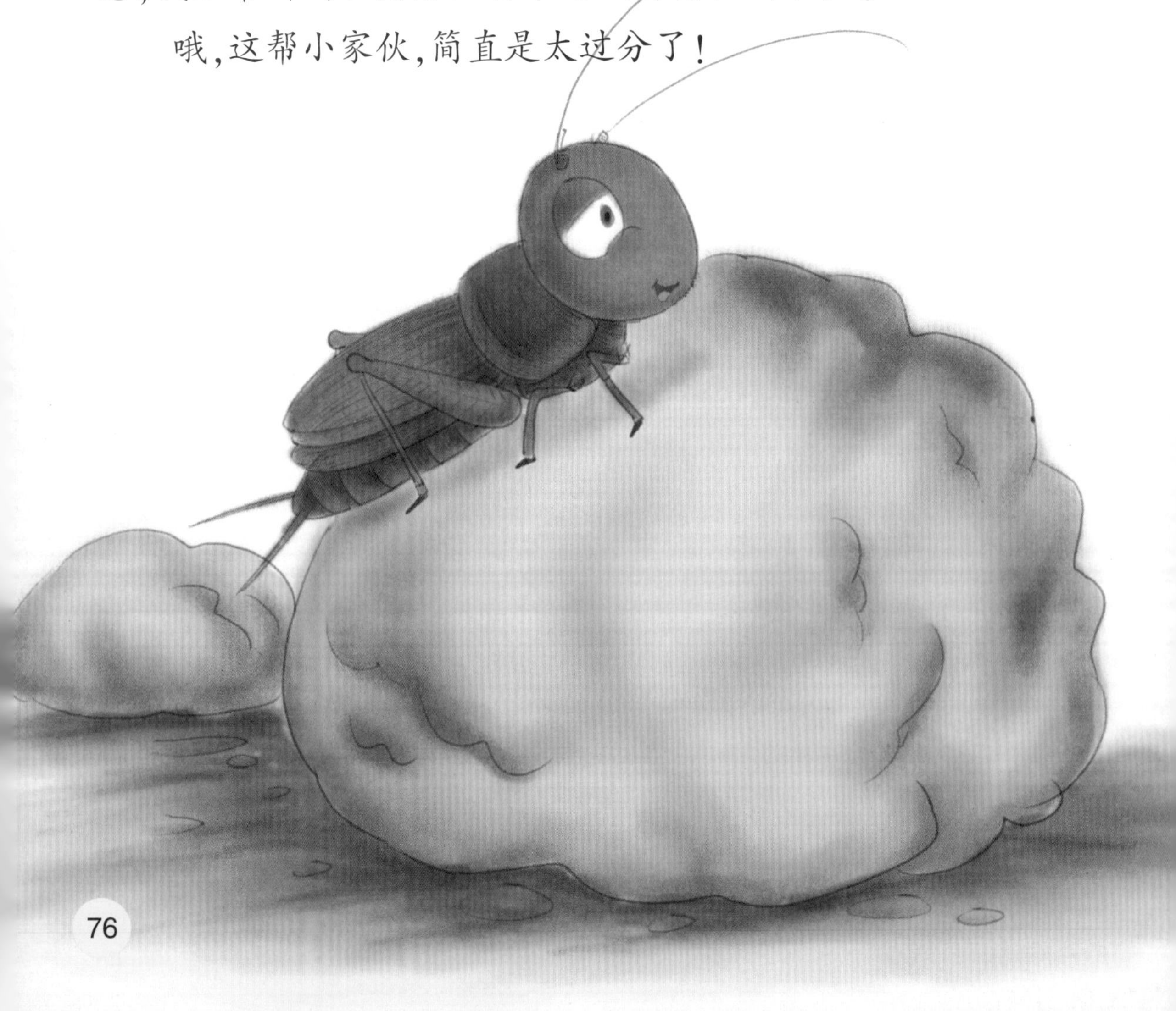

现在看来，如果我们想从蟋蟀的体态、身体结构或是工作时利用的挖掘工具上找寻答案，是不会有结果了。

唯一的答案，懂得建造一个稳固而舒适的家，这是蟋蟀自然形成的本能。

在我家附近生长的这三种蟋蟀，加上我们常见的在野外生长的蟋蟀，它们当中，只有后者懂得为自己挖掘洞穴。

于是，从这种奇妙的现象中，我们可以得出一个结论：关于蟋蟀本能的由来，或者是对别的物种本能的了解，人类是多么的无知啊！

虽然对蟋蟀的本能的由来我们不是很了解，但是对于它的家，恐怕每个小朋友都不会陌生吧。

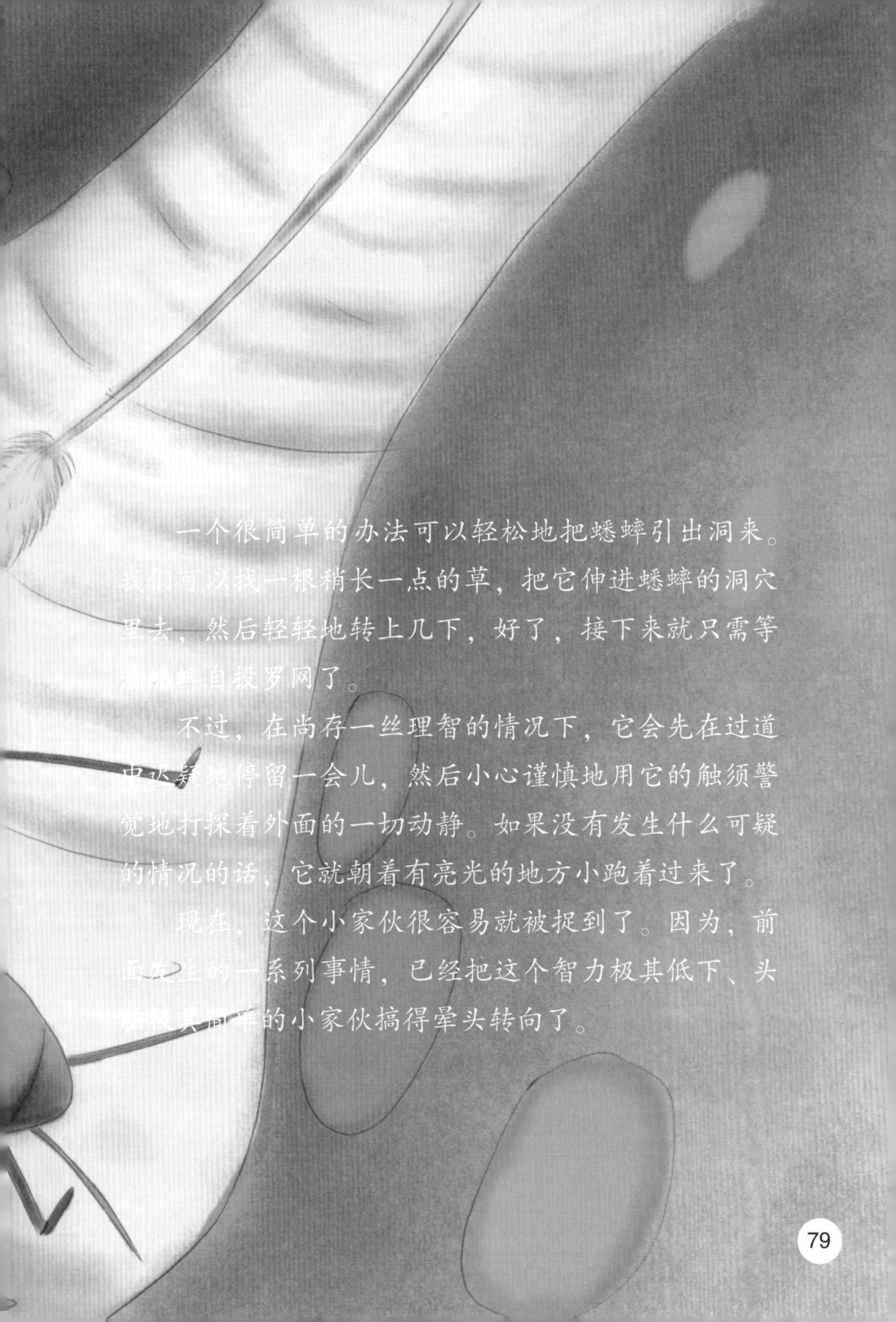

一个很简单的办法可以轻松地把蟋蟀引出洞来。我们可以找一根稍长一点的草，把它伸进蟋蟀的洞穴里去，然后轻轻地转上几下，好了，接下来就只需等着蟋蟀自投罗网了。

不过，在尚存一丝理智的情况下，它会先在过道中迟疑地停留一会儿，然后小心谨慎地用它的触须警觉地打探着外面的一切动静。如果没有发生什么可疑的情况的话，它就朝着有亮光的地方小跑着过来了。

现在，这个小家伙很容易就被捉到了。因为，前面发生的一系列事情，已经把这个智力极其低下、头脑极其简单的小家伙搞得晕头转向了。

不过，假如这一次，这个小家伙有幸逃脱了，那它的警惕性就会提高很多，无论你再怎么用草引逗它，它都不会再轻易从洞穴里跑出来了。

可人类的智慧是无穷的，换一种方法，比如用一杯水，就可以轻易地让这只头脑简单的小家伙再次上当。

在我小的时候啊，我和小伙伴儿们经常跑到草地里去捉蟋蟀，等捉到以后，我们就将它们带回家里，放到笼子里面养着。

我们这样乐此不疲地为这些小家伙忙忙碌碌，可不全是为了捉蟋蟀和养蟋蟀时的乐趣，而是为了一件更有趣的事，那就是斗蟋蟀。

我们通常会把交战的战场设置在一个大大的盆子内，交战双方的主人先把各自最钟爱的、最有把握取胜的蟋蟀小心翼翼地、满含希望地送进战场，好了，决斗的双方已经摆好架势。

当然，好戏要上演，两只蟋蟀都必须是健壮的、凶猛好斗的，那样的场面可真叫精彩呢！

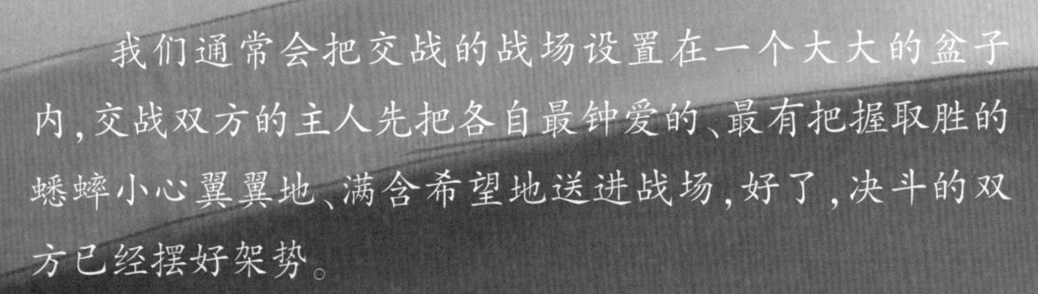

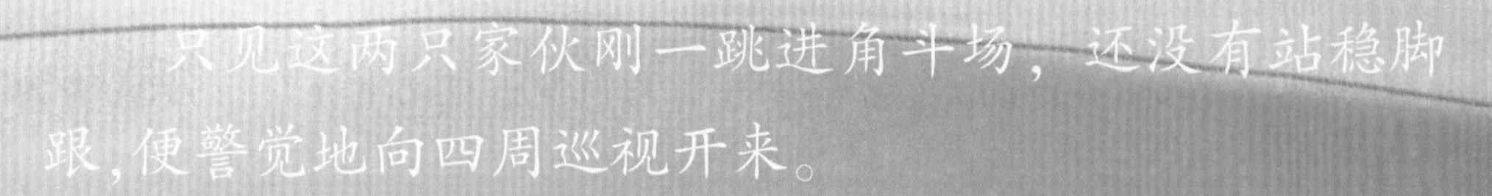

只见这两只家伙刚一跳进角斗场，还没有站稳脚跟，便警觉地向四周巡视开来。

一只蟋蟀振翅鸣叫以示警告。

真不愧是争强好斗的勇士。另一只蟋蟀也不是什么省油的灯，只见它也同样气势汹汹地振翅回应，以示应战。

于是，一场属于强者的、叫人眼花缭乱的、惊心动魄的恶战就要开始了！

只见两只蟋蟀头对头，甩开大牙，蹬腿鼓翼，战在一起，那激烈的程度，绝不亚于古代两国交战时最惨烈的肉搏。

它们在拼搏时，忽而昂首向前，忽而退后变攻为守，总是那么进退有据，攻守有致。

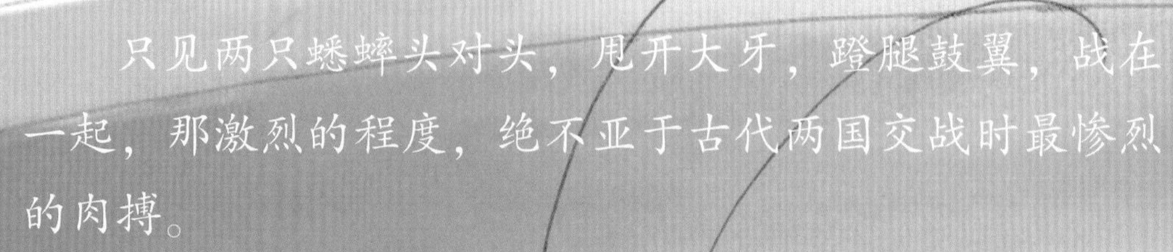

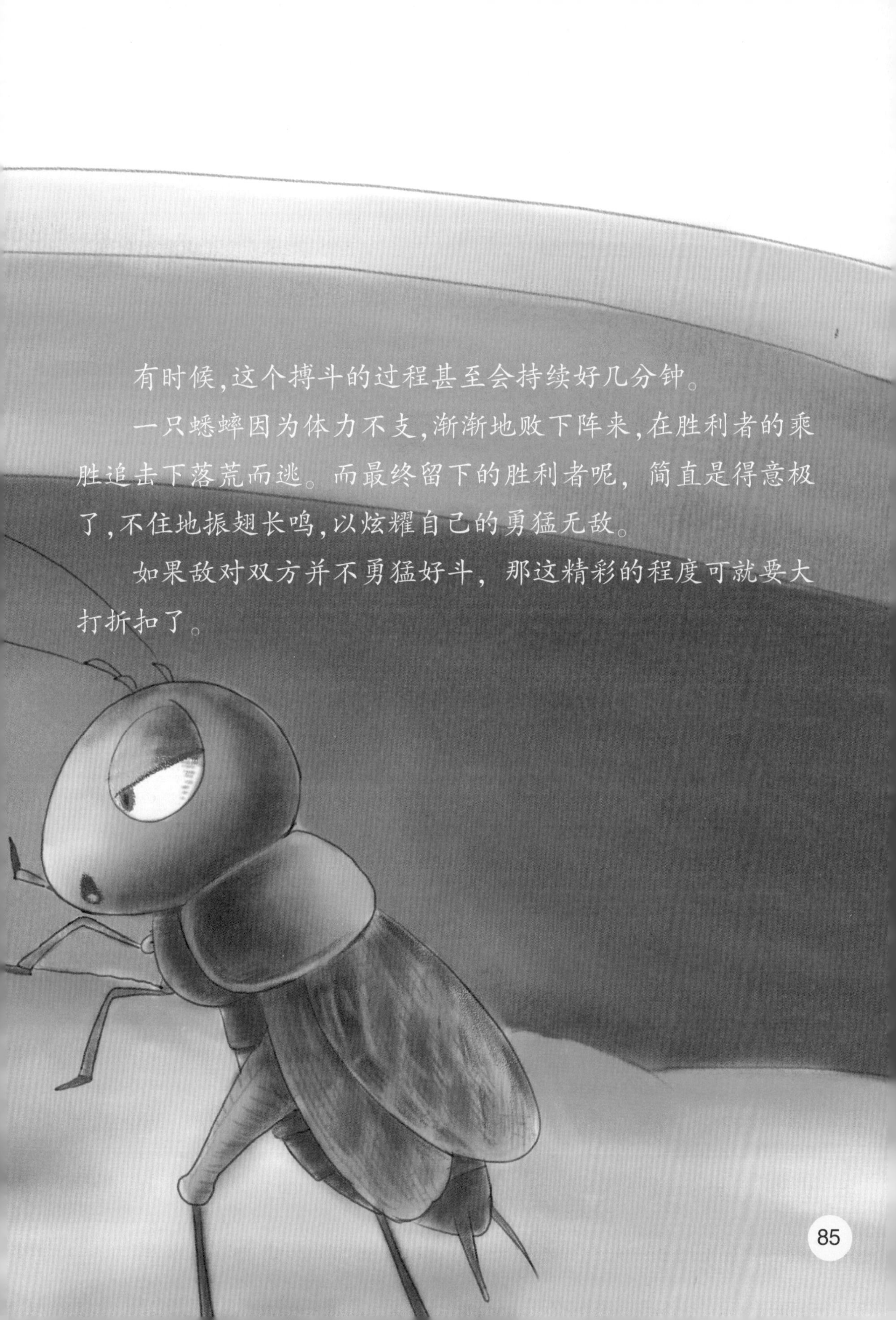

有时候,这个搏斗的过程甚至会持续好几分钟。

一只蟋蟀因为体力不支,渐渐地败下阵来,在胜利者的乘胜追击下落荒而逃。而最终留下的胜利者呢，简直是得意极了,不住地振翅长鸣,以炫耀自己的勇猛无敌。

如果敌对双方并不勇猛好斗，那这精彩的程度可就要大打折扣了。

当两个一样腼腆的、彬彬有礼的君子碰到一起，会是什么样子呢？我们在斗蟋蟀的时候最怕遇到这种情景了。

只见这两位君子先互相打量一下，非常礼貌地用长须互碰，以表示友好。甚至，更让人无奈的是，两个家伙居然像两个老朋友似的，彼此相互跟随着在这角斗场中悠然地散步。这时，蟋蟀的主人会用草秆一类的东西不停地拨弄着蟋蟀，以激发起它们的斗志。

两个家伙的友谊似乎非常坚固，始终坚持“和平友好”的方针。对于这样不争气的蟋蟀，我们小朋友往往也就弃之不用了。

现在想想我们的孩童时代，想想童年时那些捉蟋蟀、养蟋蟀、斗蟋蟀的美好往事，可真是让人怀念哪！

好了,接着说关于捉蟋蟀的事情吧。为了能够更好地研究这些小家伙,我到处寻找它们的洞穴。

终于让我逮到了一只小蟋蟀。我小心翼翼地把小家伙装进准备好的袋子里,然后亲切而讨好地对这个“小朋友”说道:“我可爱的小战俘，你要好好地待在袋子里面啊,我不会亏待你的。你看,在袋子里我为你准备了那么多你喜欢吃的东西。需要你做的第一件事就是:让我好好地参观一下你的家吧！”

安逸的居所

蟋蟀的住所隐秘！在这一片青青的草丛之中，不十分地注意，是很难发现它们的巢穴的。

它们的巢穴总是建在有一定坡度的草地上，看起来像是一个倾斜的隧道。蟋蟀建筑房屋的经验真是丰富，这样建的话，即使是遭遇再大的暴雨，雨水也可以迅速从斜坡流掉。

但是，有一点是相同的，每个洞穴的前面都要有一片草。这片草就如同是一个罩壁，既能为洞穴遮风挡雨，也可以把洞穴很好地隐蔽起来。

它们出来吃周围的青草的时候，是绝对不会去碰一下这片用来遮掩的草的。洞穴的入口处，被蟋蟀清扫得干干净净，收拾得很宽敞。它们把这里当作一个广场，每到夜深人静，蟋蟀就会聚集在这里，悠闲自在地振翅鸣叫。

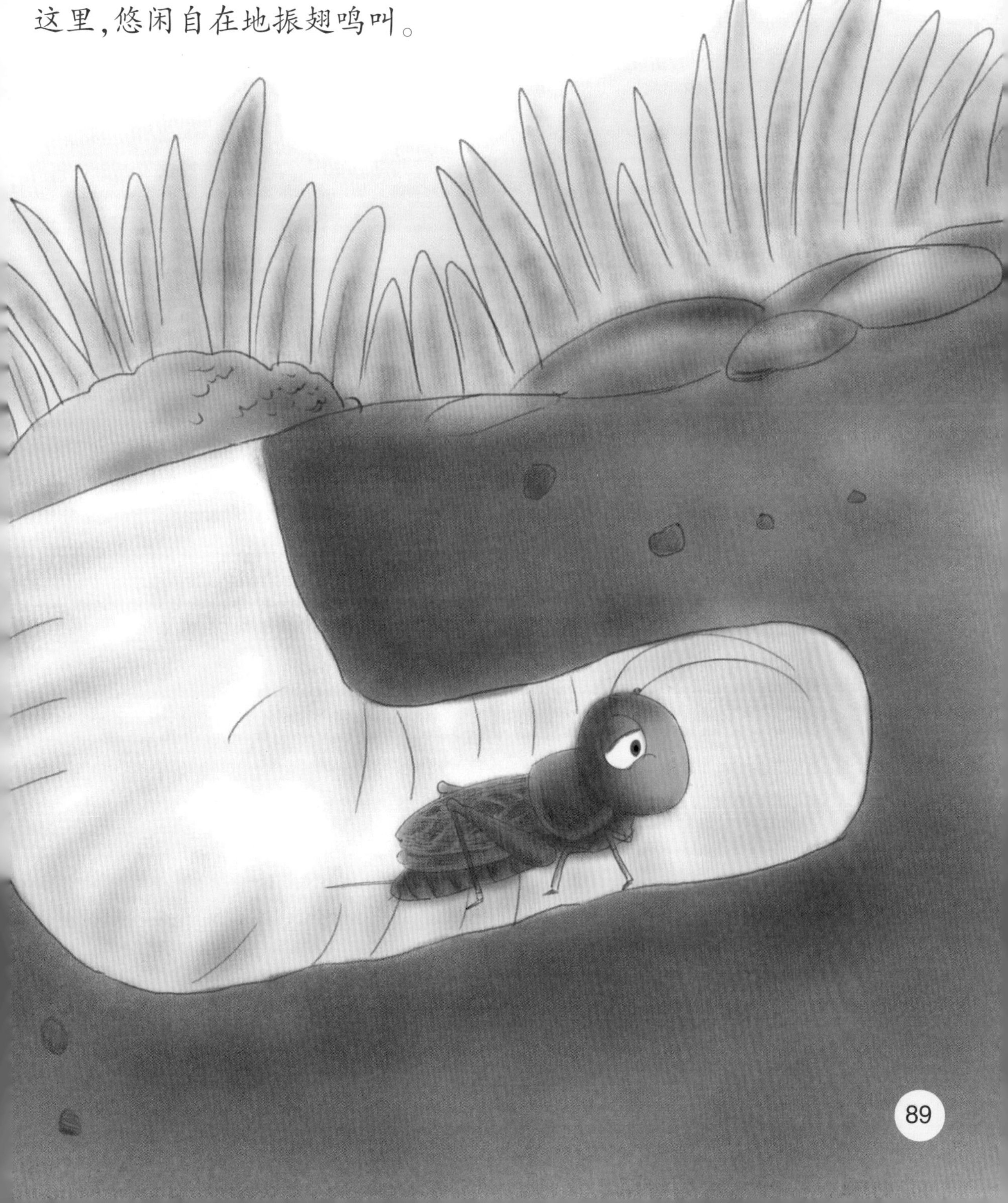

蟋蟀的屋子内部并没有我们想象得那么奢华，但墙面大部分倒也不粗糙，显得朴素、大方。至于那些粗糙的地方，这间房间的主人有大量的时间去慢慢地修整。蟋蟀的卧室一般都安置在隧道的最底部，要比别的地方修饰得更为精细，也更加宽敞。

总之，大致来说，这还是一个比较简单的住所，并且干净清爽，卫生条件还是很不错的。

为了更加方便观察蟋蟀产卵的情形，我在四月末的时候，去野外捉了几只蟋蟀养到我的花盆里。为了防止蟋蟀逃走，我还在花盆上盖上一块玻璃板。这样，一个很好的可以观察到蟋蟀产卵的平台就建好了。

搭建平台很容易，但是接下来的观察就得需要些耐心和毅力了。在观察的这段时间，我时刻都保持着高度的警惕。

在六月初的一天，我忽然发现有一只母蟋蟀的情况有些异样——它将产卵管垂直地插在土里，并且长时间地站在一个地方一动不动。

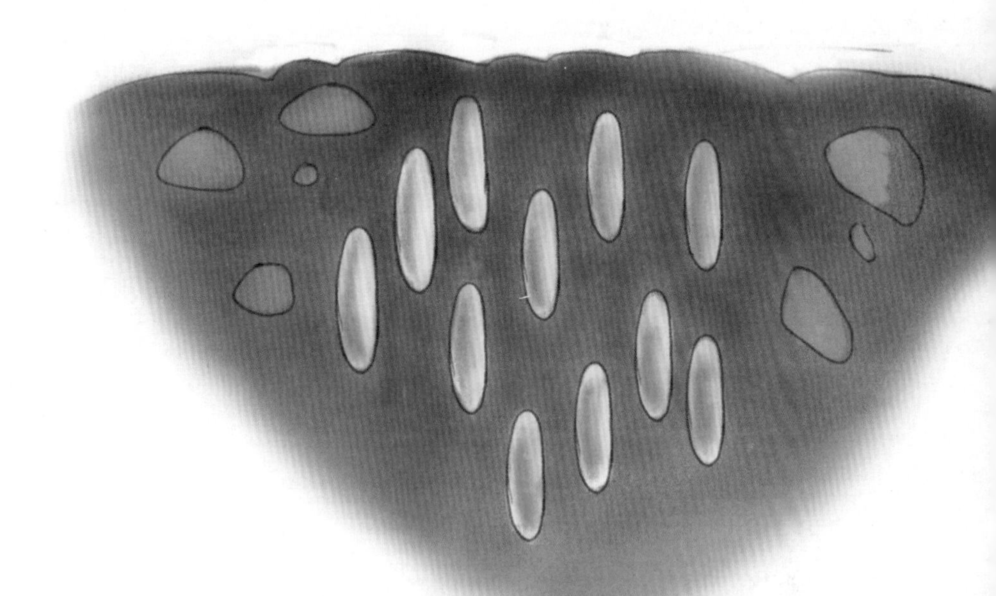

当上了妈妈的蟋蟀好像变得更加细心了，产完卵后没有忘记把孔洞的痕迹抹平才离去。稍稍休息了一会儿，它又转移到另一个地点去产卵了。

为了完全摸清蟋蟀的产卵情况，我用放大镜对着蟋蟀的每个产卵处进行仔细地观察。我发现这些卵都产在了深约四分之三寸的土里，长约三毫米，外形像是一个草黄色的圆柱体。

这些卵是一个个地垂直竖插在土里，彼此之间不接触，但是挨得很近。我接着又一个个找出了这只母蟋蟀的所有产卵地点，发现了大约五六百粒卵。

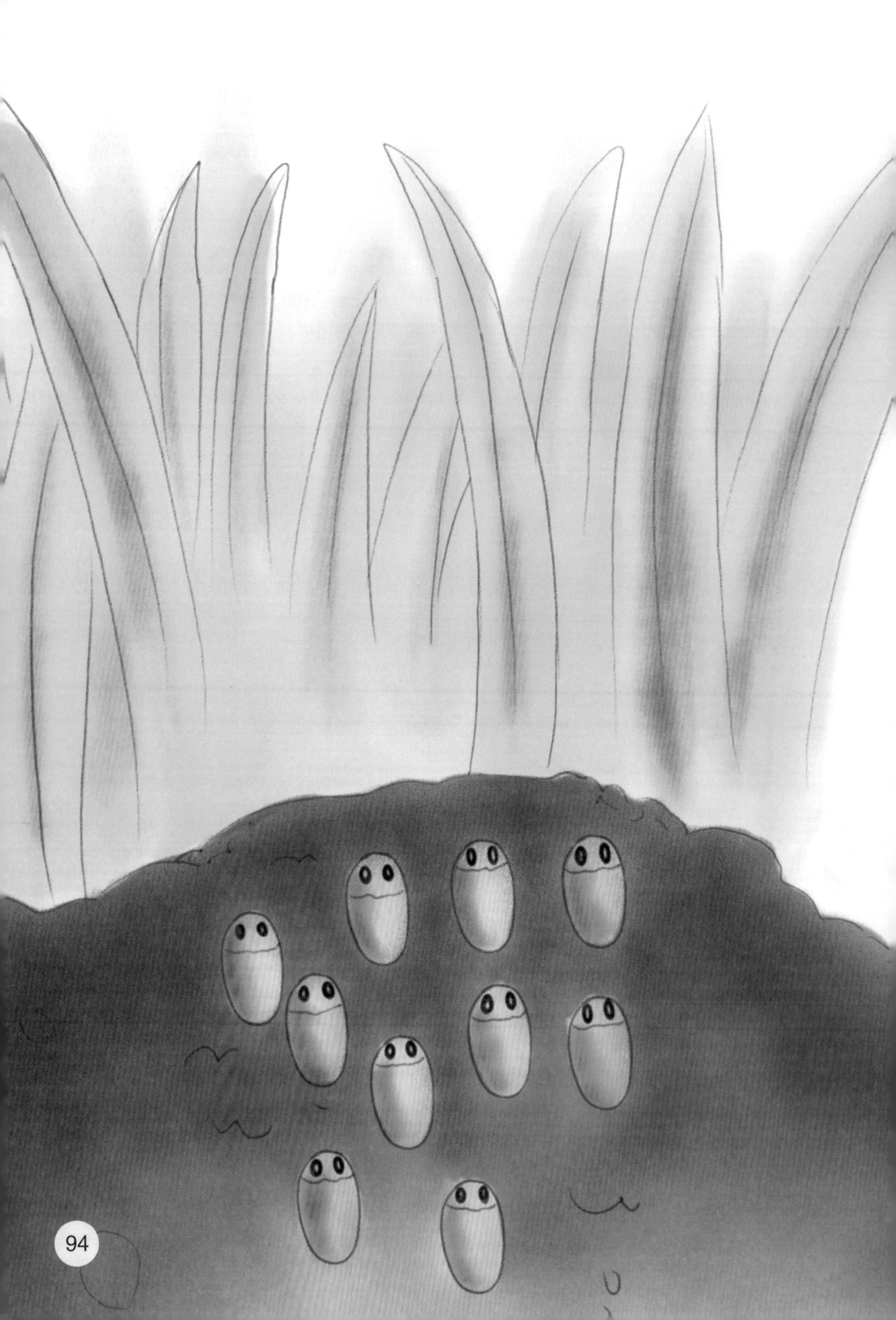

小朋友们，你们可以想象得到吗？蟋蟀的卵虽然看起来很简单，但是它们本身却是一种非常精妙的小机械系统呢。而蟋蟀正是靠着这个小机械系统完成它神奇的孵化过程的。

在产卵后的两个星期左右，卵壳前面隐约可见两个黑里透红的大圆点，这两个大圆点就是长成之后蟋蟀的眼睛。这时蟋蟀还是乖乖待在包裹它的透明椭圆球内，后来不久，我们就可以看到球体内蟋蟀的肢节。

蟋蟀幼虫的身体几乎完全是灰白色的。等大约二十四小时以后,它的身体就会由灰白色变成黑色,这时候的黑色已经可以和发育完全的蟋蟀相媲美了。

不过,围绕着它的胸部还是有一圈白色的皮肤，就像是一条白肩带一样。这时候,它的那两只黑色的眼睛也更加突出了。

我所付出的一切辛苦,终于得到了应有的回报。我看到卵的一端逐渐地分裂开来，里面的小家伙用头部轻轻地一顶,卵壳的上端便被顶了起来,随后落在一边。

压抑已久的小家伙急不可耐地从卵壳里跳了出来,并和卵壳上面的泥土经过一番并不激烈的战斗——用它的大腮将阻碍它出行的泥土抛到身后。好了,小家伙终于可以来到土地上面享受阳光了。

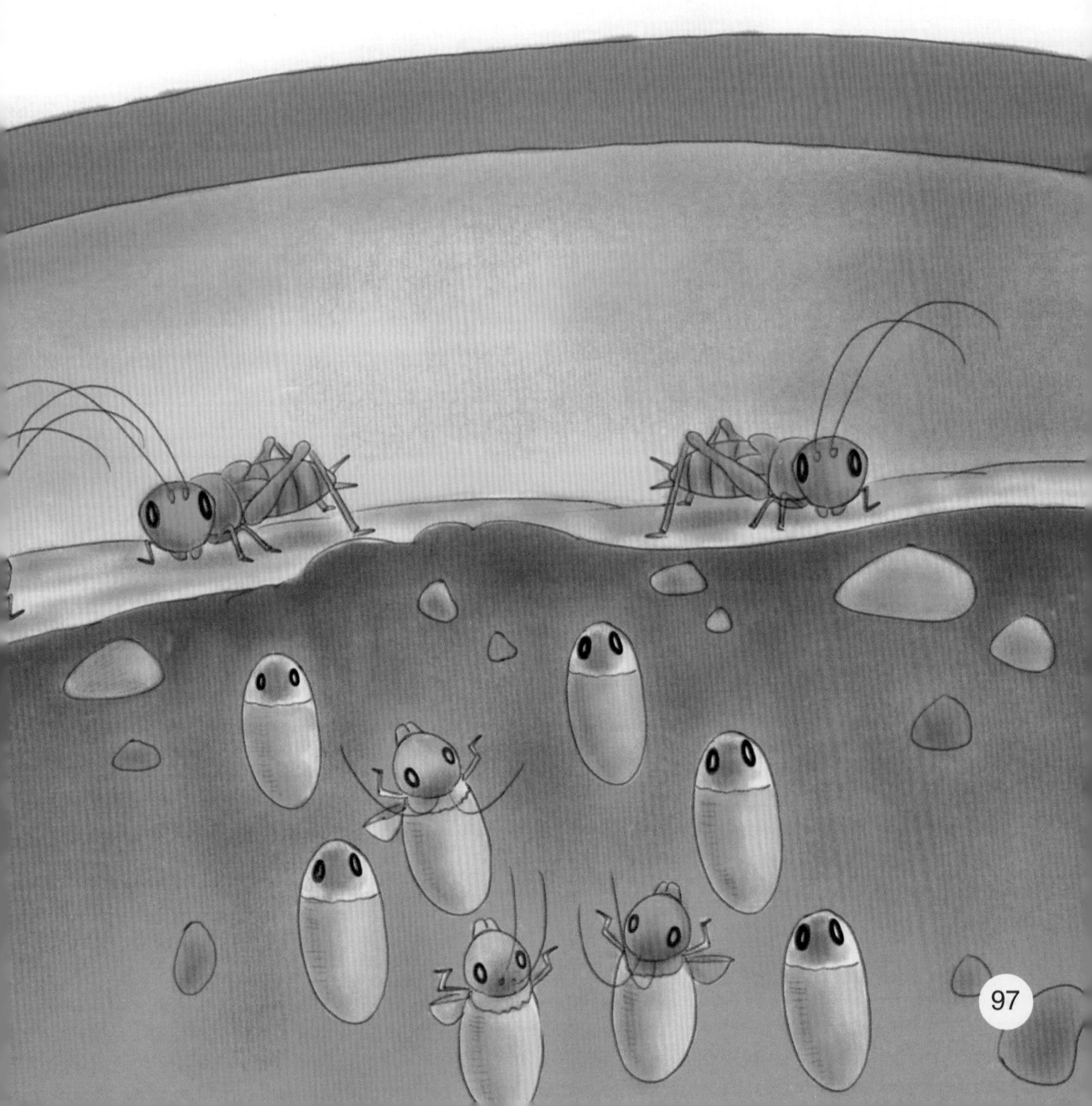

刚刚钻出地面的蟋蟀看起来十分的瘦小，还没有跳蚤大呢！这些小家伙非常的敏捷和活跃,它们不时地用触须打探周围的情况。

把它们囚在花盆里面会遏制它们天性的发展,也怕照顾不好这些小家伙,于是我便将它们放养到了我的园子里。可是,没想到,我的好心却给这些可怜的小家伙带来了灭顶之灾。

它们在我的花园里遭到了别的动物残忍的屠杀，尤其是蚂蚁。凶残的蚂蚁一口就能咬住这些幼小的可怜虫,然后毫不怜惜地把它们吞下去。

你们看，那些总是默默无闻地为人们从事清洁工作的甲虫，却没有或者很少得到人们对它的注意和赞美；而吃人血的蚊虫，却是每个人都再熟悉不过的；还有那些身上长有毒刺、杀伤力极大的黄蜂，以及刚才提到的干尽坏事的蚂蚁，却无一不被人们所关注。

蚂蚁残忍地吃掉了我花园里全部的蟋蟀，我不得不到外面去重新寻找它们。

这时大概是八月份，野外的草和树叶还没有完全干枯。刚孵化出了幼小的蟋蟀，此时这些小家伙长大了不少，全身都变成了黑色，甚至连白肩带的痕迹也没有留下一点。

在这个时期，它们和很多别的昆虫一样居无定所，过着到处流浪的生活。一片枯叶，一块石头，就会让它们感到相当满足。

直到十月末，寒气降临的时候，蟋蟀才开始建造自己的正式的居所。它挖掘洞穴的时候常常选择一些有掩盖物遮蔽的地方，比如说在莴笋叶子下，石头底下，或者是其他能代替草叶的东西下面，总之，为了保证它们住宅的隐蔽，这些掩盖物是必不可少的。

选好地址以后，蟋蟀就要开始挖掘了。那么，柔弱的蟋蟀是怎么完成这么浩大的工程的呢？其实也很简单。在它工作的时候，它会用前足扒动着土地，并用强劲有力的后足作为支撑。同时，大腮处的钳子也没有闲着，不断地去咬较大的土块。

仔细地观察，在它的后腿上还长有两排锯齿似的东西。蟋蟀把土松动，就会用这两排锯齿似的东西把土推到身后，并倾斜地铺开。

蟋蟀的工作进行得相当快。

它经过长时间劳作，这时显得很疲倦。它的头向着外面，触须无精打采地摆动着。它的体力恢复得很快，或者说是对它的新家非常期待，所以只休息一小会儿，蟋蟀就又钻进去工作了。

在不停地钻进钻出后，洞穴已经有两寸多深，足够满足当下之需了。这个洞穴会随着天气逐渐变冷和蟋蟀的慢慢长大而不断地加深。冬天温暖的阳光照射在蟋蟀的家门口，我们会看见蟋蟀不断地从洞穴里面抛出泥土来。

春天也不例外，当其他昆虫都在尽情地享乐时，蟋蟀仍然在开展住宅的扩建、修护工作。为了自己的住宅而不停地忙碌着，直到生命结束。

到四月末的时候，蟋蟀就开始放声歌唱了。

在我们空旷的原野上，在百花盛开、碧草繁茂的欣欣向荣的春天，这些小小的歌唱家们打开喉咙倾情演唱，于是悦耳动听的歌声，从大地弥漫到空中，不绝如缕。

这是它们对大自然的一种热情歌颂，也是对大自然最美好的回报。

快乐的音乐家

蟋蟀的乐器非常简单，和蝗虫类的乐器原理基本相同。只不过由一张琴弓、琴弓上的钩子和一种振动的薄膜构成。

与其他的昆虫不同的是，蟋蟀是右撇子，也就是蟋蟀的右鞘翅是遮盖着左鞘翅的，而且几乎是完全遮盖。

蟋蟀的两个鞘翅的构造是一模一样的，现在描述一下它的右鞘翅吧。

它平铺在蟋蟀的身上，但是侧面突然斜下并形成直角。布满了倾斜平行的细脉的翼端，紧紧地裹在蟋蟀的腹部上。在鞘翅的中间还有两条细细的翅脉。它的背上分布着一些粗粗的深黑色的脉络，整体形成了一幅杂乱而奇异的图案。

为了更仔细地观察，我把它的鞘翅完全地铺展开，放到光线明亮的地方认真观看。这时我发现，除去两大片相连接着的地方之外，蟋蟀的鞘翅是有着很淡很淡的红色的。

这两片相连接着的区域中，前边是一个大大的三角形，后边是一个小小的椭圆，这两个地方就是它的发声器官了。它这里的皮比其他地方要更紧密一些，不过略微带有一些被烟熏过的颜色。

在蟋蟀的两条翅脉间有轻微的凹陷，在这凹陷的间隙中有五六条黑色的条纹，这些条纹能够互相摩擦，从而为振动的发生创造了条件。

在两条翅脉中，有一条成锯齿状的是琴弓。它长着约一百五十个三角形的锯齿，它们排列得非常整齐，完全符合几何学的规律。

由于蟋蟀的鞘翅是向着两个不同的方向生长的，所以非常开阔，这就形成了发声器。

发声器就会建立起必要的发声机制。这么一来，这位“右手歌唱家”就可以用左鞘翅上的锯条琴弓进行演奏了，并且能唱出和平常一样优美的歌声。

鉴于蟋蟀的两片鞘翅是如此的对称，我相信总有一些蟋蟀是用左鞘翅歌唱的，但观察的结果证明猜测是完全错误的。我曾经观察过很多很多的蟋蟀，它们都无一例外地是右翼鞘在左翼鞘上的。

于是，我开始人为地干预这件事情。当然，这事是很容易做到的，只要有一点耐心和技巧。我用钳子非常轻巧地将蟋蟀的左翼鞘放到它的右翼鞘上，我在做的时候十分小心，没有蹭破一点皮，甚至翼膜也没有一点褶皱。

但是我很快就失望了。因为蟋蟀的右鞘翅又悄悄地爬到了左鞘翅的上边。我有些不服气，所以接二连三地又试了好几次，可是这个小家伙真是太倔强、太顽固了，它就是不肯听从我的摆布！

失败以后，我仔细地思考原因。在蟋蟀的鞘翅还是新的、软的时候,也就是在它的卵刚刚孵化成幼虫的时候就横加干预,结果应该会好一些吧。

所以,我特地找来一只小幼虫作为我的实验对象。它未来的翼和鞘翅的形状就像是四个短小的薄片，它们向着不同的方向平铺开来。

小家伙的鞘翅在一天天变大，这时还不能看出哪一扇鞘翅将要盖在上面。后来，终于两边慢慢地接近了，再有几分钟，右边的鞘翅马上就要盖住左边的了。

我用一根草轻轻地调整蟋蟀鞘翅的位置，将右边的鞘翅放到左边鞘翅的下边。虽然小家伙对我的摆布并不逆来顺受，但是我还是成功地把它左边的鞘翅盖在了右边鞘翅的上面。鞘翅在我为它们重新安排的地方慢慢地长大。

又过了两三天，它就开始振翅鸣叫了。但是，只是几声摩擦的声音，就好像是机器的齿轮还没有契合好，难听极了。

唉，我太小看自然规律的伟大力量了。蟋蟀仍然是拉它右面的琴弓，并且拼命地挣扎，想把我故意颠倒位置的鞘翅放回原来的位置。

关于蟋蟀的乐器我们已经讲得很多了，下面让我们来欣赏一下它的音乐吧。蟋蟀最喜欢在有温暖的阳光照射的时候，在自家的门口唱歌了。它喜欢让别人一块儿分享它美妙的音乐。

这位歌唱家通常会发出“克哩克哩”的振动声，音调圆满，并且蟋蟀的底气好像很足，因为它总是不停地鸣唱。

它要开始为它的伴侣而弹奏了。这时蟋蟀会更加卖力地振动翅膀，用动听的歌声，寻找佳偶。只有雄蟋蟀善于鸣叫，并且好斗，雌蟋蟀则通常默不作声。

不止这些，从体态上它们也是有所区别的。在蟋蟀雌虫的尾部有一根长长的针状产卵器，而雄虫尾部没有。说了这些，我们就很容易区分它们了。

蟋蟀是一种如此快乐的小动物，快乐地生活，快乐地寻找伴侣，甚至于被人类囚禁起来也不觉得烦恼。只要它的主人不忘记饲养它，它就会觉得很满足。如果每天都能吃到新鲜的竹笋叶子，那就更好了。

蟋蟀的死亡会让全家人感到悲伤。这些讨人喜欢的小家伙和人类的关系是多么的亲密啊！

在我家附近居住的这三种蟋蟀，它们的歌声很相似，不过它们的身体大小却是有着显著的不同的。那种胆子极大、经常跑到我家厨房来的波尔多蟋蟀，是蟋蟀的家族中体型最小的。它的歌声也很细微。

原野里的蟋蟀，一般是在春天有温暖的阳光照射的时候歌唱。在夏天的晚上我们听到的是意大利蟋蟀发出的声音。

例如你本来听到它就在你的面前歌唱，刚想下手去捉它,它的声音马上又在几米以外的地方响起来了。但当我们循着声音走过去的时候,声音突然又在原地,或者是别的什么地方响起来了。

讲到这里,有的小朋友或许感到奇怪了,它们是怎么发出这种让人捉摸不定的幻声来的呢?

它们完全可以通过调节翼鞘位置的高低和下鞘翅被琴弓压迫的部位的不同,而自如地调节声音的高低抑扬,从而迷惑想捕捉它们的人。

蟋蟀就像是土地的灵魂一样，让我真切地感受到了生命的活力和生存的快乐。这就是我忽略夜空的美景，而陶醉于蟋蟀的歌声中的原因了。

它们是有生命力的，它们有着自己的喜怒哀乐，虽然它们的身体是那么微小，与无限的物质世界相比，更能激起人们对于生命的热情，因此，我无比地热爱它们，热烈地歌颂它们！